丛书系国家社科基金重大招标项目《中国共产党百年奋斗中坚持敢于斗争经验研究》（项目编号：22ZDA015）阶段性成果。

奋力建设现代化新广东研究丛书

中山大学中共党史党建研究院　编　张　浩　丛书主编

海洋强省建设的广东实践及路径研究

万欣荣　主编

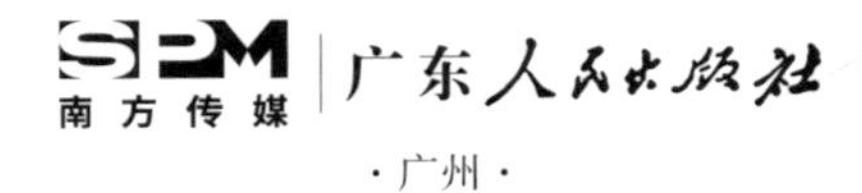

·广州·

图书在版编目（CIP）数据

海洋强省建设的广东实践及路径研究 / 万欣荣主编. -- 广州：广东人民出版社，2024. 8. （奋力建设现代化新广东研究丛书）. -- ISBN 978-7-218-17814-1

Ⅰ. P74

中国国家版本馆CIP数据核字第2024UW4503号

HAIYANG QIANGSHENG JIANSHE DE GUANGDONG SHIJIAN JI LUJING YANJIU

海洋强省建设的广东实践及路径研究

万欣荣　主编

出 版 人： 肖风华

出版统筹： 卢雪华
策划编辑： 曾玉寒
责任编辑： 李宜励　舒　集
装帧设计： 广大迅风艺术　刘瑞锋
责任技编： 吴彦斌

出版发行： 广东人民出版社
地　　址： 广州市越秀区大沙头四马路10号（邮政编码：510199）
电　　话： （020）85716809（总编室）
传　　真： （020）83289585
网　　址： http: //www. gdpph. com
印　　刷： 广州市豪威彩色印务有限公司
开　　本： 787mm×1092mm　1/16
印　　张： 12. 75　　**字　　数：** 230千
版　　次： 2024年8月第1版
印　　次： 2024年8月第1次印刷
定　　价： 58. 00元

总　序

古代广东处于中国大陆的最南端，南有茫茫大海、北有五岭的重重阻隔，且远离中国的政治经济文化中心。然而，近代以来，广东却屡开风气之先。广东是反抗外国侵略的前哨，同时又是外国新事物传入中国的门户，地处东西文明交流的前沿，一直扮演着现代化先行者的角色。许多重大历史事件和著名历史人物不约而同和广东联系在一起，使广东在整个近代中国居于一种特殊的地位。中国近代史的第一页就是在广东揭开的。两次鸦片战争都在广东发生，西方国家用大炮打开中国大门，首先打的是广东。而中国人民反抗外国侵略的斗争，也首先是从广东开始的。众所周知，1840年英国侵略者以林则徐在广东虎门销烟为由，发动侵略中国的鸦片战争，这是中国近代史开端的标志。作为近代中国人民第一次反侵略斗争的三元里抗英斗争即发生在广东，因此广东成为中国反对外来侵略的前沿阵地。广东也产生了一大批在中国乃至世界上都有影响力的思想家、革命家。他们站在时代的前列，探索救国救民的真理，投身于救国救民的运动，推动和影响了近代中国发展的历史进程。毛泽东在《论人民民主专政》一文中谈到近代先进的中国人向西方寻求救国真理，他举出四个代表人物，即洪秀全、严复、康有为和孙中山，这四个人中有三个是广东人。从洪秀全领导的太平天国起义，到康有为等人领导的维新运动，这些广东仁人志士对救国良方的寻觅，都推动了中国早期的现代化进程。特别是孙中山先生在《建国方略》中曾对中国现代化景象作出过天才般的畅想。然而，遗憾的是，由于没有先进力量的领导、没有科学理论的指导，民族独立无法实现，现代化也终究是水月镜花。

1921年7月，中国共产党的诞生，是开天辟地的大事变，标志着中国的革命事业有了主心骨、领路人。广东是大革命的策源地、中国共产党领导革命斗争的重要发源地之一、中国共产党探索革命道路的核心区域之一和全国敌后抗日三大战场之一。革命战争年代，广东英雄人物辈出，其中陈延年、张太雷、邓中夏、蔡和森、张文彬等人为中国革命献出了宝贵生命；彭湃烧毁自家田契，领导了海陆丰农民运动，为人民利益奋斗终身；杨殷卖掉自己广州、香港的几处房产，为革命事业筹集经费，最后用生命捍卫信仰……这些铮铮铁骨的共产党人用生命为民族纾困，为国家分忧。总之，广东党组织在南粤大地高举革命旗帜28年而不倒，坚持武装斗争23年而不断，为中国新民主主义革命的胜利作出了巨大的贡献，从而为现代化事业发展准备了根本条件。

新中国成立后，广东砥砺前行，开始了探索建设社会主义现代化的伟大实践。在“四个现代化”宏伟目标的指引下，中共广东省委带领广东人民以“敢教日月换新天”的勇气和斗志，发展地方工业，完成社会主义改造，建立起社会主义基本制度，拉开大规模社会主义建设的序幕。此后，广东又在国家投资支援极少的情况下，自力更生建立了比较完整的工业体系和国民经济体系。这一时期，全省兴建了茂名石油工业公司、广州化工厂、湛江化工厂、广州钢铁厂以及流溪河水电站、新丰江水电站等骨干企业，改组、合并和新建了200多家机械工业企业，工农业生产能力明显增强。这一时期，广东社会主义现代化建设事业经过长期而艰苦的实践探索，在农业、工业、科学技术等方面取得了一系列突出成就，为推进社会主义现代化奠定了坚实的物质基础。

党的十一届三中全会以来，广东充分利用中央赋予的特殊政策和灵活措施，在改革开放中先行一步，走出了一条富有广东特色的现代化发展路径。广东大胆地闯、大胆地试，以“敢为天下先”的历史担当和“杀出一条血路”的革命精神，带领全省人民解放思想，在改革开放探索中先行一步。“改革开放第一炮”作为“冲破思想禁锢的第一声春雷”响彻深圳蛇口上空，“时间就是金钱，效率就是生命”的口号传遍祖国大地。在推进经济特区建设、经济体制改革，发展外向型经济，率先建立社会主义市场经济体制的过程中，广东以改革精神破冰开局，实现了第一家外资企业、第一个出口加工区、第一张股票、第一批农民工、第一家涉外酒店、第一个商品房小区等多个“第一”；探索出“前店后厂”“三来一补”“外向带动”“腾笼换鸟、造林引凤”“粤港澳合作”等诸多创新之路。相关数据显示，至2012年，城乡居民人均可支配收入分别为30226.71元和10542.84元；城镇化水平达67.4%，人均预期寿命提高到76.49岁，高等教育毛入学率超过32%。作为改革开放的先行地，广东还贡献了现代化的创新理念、思路和实践经验。“珠江模式”“深圳速度”“东莞经验”等在全国产生了巨大影响，为探索中国特色社会主义现代化道路贡献了实践模板。总之，改革开放风云激荡，南粤大地生机勃勃，广东人民生活已经实现从温饱到总体达到小康再到逐步富裕的历史性跨越，为基本实现现代化打下了良好的基础。

党的十八大以来，中国特色社会主义进入新时代。习近平总书记对广东全面深化改革、全面扩大开放、深入推进现代化事业高度重视，先后在改革开放40周年、经济特区建立40周年、改革开放45周年等重要节点到广东视察，寄望广东“继续在改革开放中发挥窗口作用、试验作用、排头兵作用”，勉励广东“继续全面深化改革、全面扩大开放，努力创造出令世界刮目相看的新的更大奇迹”，要求广东“以更大魄力、在更高起点上推进改革开放”，嘱托广东在新征程上要“在全面深化改革、扩大高水平对外开放、提升科技自立自强能力、建设现代化产业体系、促进城乡区域协调发展等方面继续走在全国前列，在推进中国式现代化建设中走在前列”，这为广东推动改革开放和社会主义现代化向更深层次挺进、更广阔领域迈进指明了方向。在以习近平同志为核心的党中央的亲切关怀和坚强领导下，广东高举习近平新时代中国特色社会主义思想伟大旗帜，坚持改革不停顿、开放不止步，进一步解放思想、改革创新，进一步真抓实干、奋发进取，不断开创广东现代化建设新局面。广东立定时代潮头，坚持改革开放再出发，勇当中国式现代化的领跑者。广东以习近平总书记对广东的重要讲话和重要指示批示精神统揽工作全局，加强对中央顶层设计的创造性落实，不断围绕服务国家重大战略贡献长板、担好角色，以全面深化改革为鲜明导向，纵深推进粤港澳大湾区、深圳先行示范区建设，推动横琴、前海、南沙三大平台稳健起步，实现了经济平稳较好发展和社会和谐稳定，确保经济、政治、文化、社会、生态文明建设“五位一体”统筹推进，在经济高质量发展、文化强省建设、法治广东建设、生态文明建设以及民生事业发展等方面取得具有历史意义的新成就。2023年广东GDP达到13.57万亿元，经济总量连续35年全国第一，区域创新综合能力连续7年全国第一，规上工业企业超7.1万家，高新技术企业超过7.5万家，19家广东企业进入世界500强，超万亿元、超千亿元级产业集群分别达到8个和10个，“深圳—香港—广州”科技集群位居全球前列，建成国际一流的机场、港口、公路及营商环境，新质生产力发展势头良好，这为广东在推进中国式现代化建设中走在前列奠定了坚实的物质基础。

中国式现代化前途光明，任重道远。广东是东部发达省份、经济大省，以占全国不到2%的面积创造了10.7%的经济总量，在中国式现代化建设的大局中地位重要、作用突出，完全能够在现代化建设、高质量发展上继续走在全国前列。

促发展争在朝夕，抓落实重在实干。为了更好落实“在推进中国式现代化建设中走在前列”这一习近平总书记对广东的深切勉励、殷切期望和战略指引，2023年6月20日，中共广东省委十三届三次全会作出“锚定一个目标，激活三大动力，奋力实现十大新突破”的“1310”具体部署。这是紧跟习近平总书记、奋进新征程的坚定态度和郑重宣示，是把握大局、顺应规律、立足实际的科学布局，是推进中国式现代化的广东实践的施工图、任务书。时间不等人、机遇不等人、发展不等人。唯有大力弘扬“闯”的精神、“创”的劲头、“干”的作风，一锤一锤接着敲、一件一件钉实钉牢，才能把蓝图变为现实，推动广东在推进中国式现代化建设中走在前列。

岭南春来早，奋进正当时。2024年2月18日是农历新春第一个工作日，继去年“新春第一会”之后，广东再度召开全省高质量发展大会，这次大会强调“接过历史的接力棒，建设一个现代化的新广东，习近平总书记、党中央寄予厚望，父老乡亲充满期待，我们这代人要有再创奇迹、再写辉煌的志气和担当，才能不辜负先辈，对得起后人”，吹响了奋力建设一个靠创新进、靠创新强、靠创新胜的现代化新广东的冲锋号角，释放出“追风赶月莫停留、凝心聚力加油干”的鲜明信号。向天空探索、向深海挺进、向微观进军、向虚拟空间拓展，广东以“新”提“质”，以科技改造现有生产力，积极催生新质生产力，不断增强高质量发展的“硬实力”。观大局、抓机遇、行大道，广东作为经济大省、制造业大省，不断筑牢实体经济为本、制造业当家的根基，持续推动高质量发展，必将创造新的伟大奇迹。

2024年7月15日至18日，中国共产党第二十届中央委员会第三次全体会议在北京举行。党的二十届三中全会是在新时代新征程上，中国共产党坚定不移高举改革开放旗帜，紧紧围绕推进中国式现代化进一步全面深化改革而召开的一次十分重要的会议。全会审议通过的《中共中央关于进一步全面深化改革、推进中国式现代化的决定》，深入分析推进中国式现代化面临的新情况新问题，对进一步全面深化改革作出系统谋划和部署，既是党的十八届三中全会以来全面深化改革的实践续篇，也是新征程推进中国式现代化的时代新篇，擘画了进一步全面深化改革的蓝图，发出了向改革广度和深度进军的号令。广东全省上下要闻令而动，积极响应党中央的号召，全面贯彻落实党的二十届三中全会各项部署，以走在前列的担当进一步全面深化改革，扎实推进中国式现代化的广东实践。要围绕强化规则衔接、机制对接，把粤港澳大湾区建设作为全面深化改革的大机遇、大文章抓紧做实，携手港澳加快推进各领域联通、贯通、融通，持续完善高水平对外开放体制机制，依托深圳综合改革试点和横琴、前海、南沙、河套等重大平台开展先行先试、强化改革探索，努力创造更多新鲜经验，牵引带动全省改革开放向纵深推进。要围绕构建新发展格局、推动高质量发展，进一步深化经济体制改革，着眼处理好政府和市场的关系，加快构建高水平社会主义市场经济体制；着眼发展新质生产力，健全推动经济高质量发展体制机制；着眼补齐最突出短板，健全促进城乡区域协调发展的体制机制，更好激发广东发展的内生动力和创新活力。要围绕推进高水平科技自立自强，加快构建支持全面创新体制机制，深化教育综合改革、科技体制改革、人才发展体制机制改革，打通创新链、产业链、资金链、人才链，着力提升创新体系整体效能。要围绕提升改革的系统性、整体性、协同性，统筹推进民主、法治、文化、民生、生态等各领域改革，确保改革更加凝神聚力、协同高效。要围绕构建新安全格局，扎实推进国家安全体系和能力现代化，全面贯彻总体国家安全观，加强国家安全体系建设，完善公共安全治理机制，持续加强和创新社会治理，切实保障社会大局平安稳定。要围绕提高对进一步全面深化改革、推进中国式现代化的领导水平，切实加强党的全面领导和党的建设，始终坚持党中央对全面深化改革的集中统一领导，深化党的建设制度改革，健全完善改革推进落实机制，充分调动广大党员干部抓改革、促发展的积极性、主动性、创造性，以钉钉子精神把各项改革任务落到实处。

站在新的历史起点上，回望我们党领导人民夺取革命、建设、改革伟大胜利的光辉历程和广东取得的举世瞩目的发展成就，眺望强国建设、民族复兴的光明前景和广东现代化建设的美好未来，我们更加深刻感到，改革开放必须坚定不移，广东靠改革开放走到今天，还要靠改革开放赢得未来；更加深刻感到，改革开放需要群策群力，进一步全面深化改革，每个人都不是局外人旁观者，都是参与者贡献者；更加深刻感到，改革开放务求真抓实干，中国式现代化是干出来的，伟大事业都成于实干。岭南处处是春天，一年四季好干活。全省上下要从此刻开始，从现在出发，拿出早出工、多下田、干累活的工作热情，主动投身到进一步全面深化改革的宏伟事业中来，以走在前列的闯劲干劲拼劲，推动改革开放事业不断取得新进展新突破，推动高质量发展道路越走越宽，让创新创造社会财富的活力竞相迸发、源泉充分涌流，奋力建设好现代化新广东，切实推动广东在推进中国式现代化建设中走在前列，为强国建设、民族复兴作出新的更大贡献！

在中华人民共和国成立75周年、中山大学建校100周年之际，中山大学中共党史党建研究院组织专家撰写的《奋力建设现代化新广东研究丛书》的出版，具有重要的政治意义和纪念意义。同时，这套丛书也是国家社科基金重大招标项目《中国共产党百年奋斗中坚持敢于斗争经验研究》（项目号：22ZDA015）的阶段性成果，丛书的出版也有一定的学术意义。

希望这套丛书在深化对党的二十大精神和习近平总书记视察广东重要讲话、重要指示精神如何在岭南大地落地生根、结出丰硕成果的研究阐释方面立新功，在深化对广东推进中国式现代化的创新举措和发展经验研究方面谋新篇，在推动中山大学围绕中央和地方经济社会发展需要开展对策研究和前瞻性战略研究方面探新路。

是为序。

中山大学中共党史党建研究院

2024年8月

目录
CONTENTS

2 第二章
海洋经济发达：推动海洋产业结构转型升级

第三章
海洋科技领先：打造国际海洋科技创新中心

5

第五章

海洋生态优良：加强海洋生态文明建设

7 第七章 海洋全球协作：推动构建海洋命运共同体

第一章

广东海洋强省建设推进中国式现代化的实践遵循

海洋孕育了生命、涵养了资源、联通了世界，是人类赖以生存发展的重要战略空间，是国家实现长治久安必须坚决守护的重要战略高地，是推进中国式现代化、实现中华民族伟大复兴必须高度关注的重要战略领域。广东是海洋大省，是我国海洋经济高质量发展的重要引擎，在全国海洋经济发展格局中具有无可替代的关键作用。2023年4月习近平总书记在广东考察时作出重要指示，明确要求广东应立足区位优势，奋力推进海洋强省建设。为深入贯彻落实习近平总书记关于推进广东海洋强省建设的重要战略部署，广东省委十三届三次会议强调，要加快全面推进海洋强省建设，在打造海上新广东上取得新突破、新成就。全面、深刻理解广东海洋强省建设推进中国式现代化的战略意义和实践遵循，有利于从宏观战略高度提升人们的思想觉悟与理论认识，为加速推进广东海洋强省建设提供契合实际的思路参考和可资借鉴的方法指南。

一　构建发展格局

广东要实现以海洋强省建设推进中国式现代化，首先应构建起科学高效、出彩出新的高质量发展格局。广东省委深刻把握海洋强省建设与推进中国式现代化二者间的辩证关系，牢牢锚定“新格局、新未来”这一战略定位，从全域联动、全局统筹层面科学擘画广东海洋强省建设的壮阔蓝图。

（一）陆海统筹，山海互济

广东地处亚欧大陆东南端，坐落于南海之滨，拥有广阔的海域面积、山地面积和近海滩涂面积，岸线长度占全国的1/5，居全国之首，港口岸线资源丰富，适宜建港的海湾200多个，具备显著的统筹开发潜力。因此，广东推进海洋强省建设应以激活开发潜力为重要抓手，及时摒弃仅把发展眼光聚焦海洋的单一思维，做到从整体谋划出发，依托广东突出的区位优势和资源优势，牢牢坚持陆海统筹、山海互济的战略部署，助力实现广东海洋强省建设协调、稳步向前推进。

习近平总书记在谈及建设现代化经济体系时指出："坚持陆海统筹，加快建设海洋强国。"[①]这句重要论述包含两个关键词——"统筹"和"加快"，充分反映了海洋强国建设的系统性和紧迫性。作为海洋强国建设的战略承接和关键环节，广东海洋强省建设也应对标陆海统筹发展战略的相关要求，奋力推进海洋强省建设实现系统性、高质量、内涵式发展。落细落实陆海统筹、山海互济的战略部署，有三个着力点：一是要充分立足广东发展的自身实际，协调好陆地、海洋、山地、滩涂等基本要素。推进各要素优势互补、协同配合，推动陆域要素与海洋资源有机结合，加大海洋产品孵化、上岸、展销工作，加快海洋产业建设力度，强化海洋产业核心竞争力。二是要织密织好高质量发展的现代化沿海经济带。必须全力推进改革开放先行示范区和粤港澳大湾区建设，充分发挥广州、深圳"双城联动、比翼齐飞"效应，加强两城间的产业合作、贸易往来以及文化交流，倾力打造世界级海洋创新平台和海洋经济增长极。作为沿海经济带的重要组成部分，还应统筹加快汕头、湛江两个省域副中心和珠海珠江口西

① 习近平：《决胜全面建成小康社会　夺取新时代中国特色社会主义伟大胜利——在中国共产党第十九次全国代表大会上的报告》，人民出版社2017年版，第33页。

岸核心城市建设，延展壮大珠三角功能区辐射范围，“串珠成链”培育世界级沿海城市带。三是要构筑协调联动的区域海洋经济合作圈。要始终坚持“以合作促发展”的战略定位，推进广东沿海经济中心和内陆腹地有机联动，提升海洋经济辐射范围和影响力，大力支持各城市结对互建“经济引擎”，共同培育新的经济增长点。广东应积极贯彻落实国家重大区域发展战略，以点带面、连圈成片，锚定珠三角战略支点，强化粤港澳合作，奋力开辟多元经济圈层，共建开放型经济体系，致力于打造一批现代化的海洋合作重大平台，统筹区域海洋经济实现高质量发展。

（二）精耕近海，挺进深蓝

推进海洋强省建设，是广东经济社会发展的必然选择。广东应聚焦区域发展现实条件和基本需求，持续优化能源开发和资源利用，大力培育近海产业和深蓝产业，面向广阔海域拓展发展空间，进一步加强深海资源勘察利用与协同保护，从而开辟“近海+深蓝”交相辉映的立体化发展新局面。

坚持精耕近海，就是要加强开发宽广的沿海区域，夯实近海产业发展根基，打造一批基础条件优越的海洋产业集聚区；坚持挺进深蓝，就是要把发展目光投向广袤无垠的南海，提升空间拓展、深海资源挖掘与利用能力，加速孵化核心竞争力强的现代化高端海洋产业基地。贯彻落实精耕近海、挺进深蓝战略部署是一项契合广东发展实际的系统性工程，关键一步便是要将分散在各处、特色迥异的近海产业和深蓝产业统筹起来、融合起来，构建协调配合、系统完备的海洋产业发展体系。首先，要大力发展海洋清洁能源产业。广东拥有绵长的海岸线，近海风力资源十分丰富。蜿蜒曲折、高低错落的岸线地基便于架设风电机组和创建风电基地。广东应依托建设优势，加快构建配套齐全、运行高效的海上风电全产业体系，推进海上风电产业朝着大容量、智能化、抗灾险方向发展。面对风电资源的需求缺口，广东应在现有基础上提速近海区域风电规模化开发，重点加强风电高端装置制造和风电运营与检修工作，推动风电产能稳定产出、足量供应，探索实现同潮汐能、波浪能、海流能等新式发电方式有机衔接，形成掌握关键技术的风力发电示范基地，进一步丰富拓展海洋清洁能源的供应渠道与利用方式。其次，要培育建强海洋油气化工产业。广东近海区域蕴藏着丰富的海洋油气资源，开发基础、作业条件、关键技术等相关要素成熟、健全。因此，广东应抓紧抓实海洋油气化工产业建设，着力提升资源勘探和开采能力，加快创设国家海上油气战略建设区，推进南海海上石油基地开发，加大油田群开发项目计划的制订、论证和落实力度。在优化发展海洋油气化工产业过程中，要始终坚持“绿色、高端、精细化”的发展思路和推进方向，拓展延伸石油化工产业链，提升有机原料、电子化学品等高端精细化工产品和高性能合成材料、功能性材料、可降解材料等化工新材料占比，从源头发展层面推动海洋油气化工产业进阶升级。最后，要构建起高精尖的深海生物产业。广东应全力扶持“粤海粮仓”项目落实落地，支持海洋渔业相关技术研发与攻关，利用科技赋能智能化渔场、海洋牧场建设，大力发展海洋产品基因检测、精深加工、产销溯源工作，给予远洋渔业资金、政策、技术、专家等方面的适当支持，新建一批海洋产品交易经济区，积极推进海洋生物基因种质资源库、海洋药物研发中心、海洋生物医药产业园建设，推动形成国内领先的、“近海+深蓝”产业优势互补的规模化海洋产业集群。

（三）擘画蓝图，分区培育

加强对海洋的开发与利用，对广东发展具有举足轻重的作用。[①]在推进海洋强省建设时，广东注重从顶层设计出发科学谋划海洋经济发展的宏伟蓝图。面对各城市、各区域、各产业发展程度不均衡、差异大的现实情况，广东牢牢把好“实际关”“差异关”“建设关”，勇于直面存在的问题与短板，从“全省一盘棋”的高度整体考量海洋经济发展布局，将发展条件完备、发展基础扎实、产业聚集情况优良、经济贸易活动以及人员往来频繁的区域统一备案登记、实施重点培育，致力于把“先行区域”进一步培优建强，成为带动其他区域协同发展、助力经济实现快速增长的重要引擎。

坚持擘画发展蓝图，分区培育优势“经济带”，就是要善于高起点谋划新时代海洋强省建设全过程、全细节，积极探索海洋经济高质量发展模式与实践路径。广东省委、省政府时刻关注海洋强省建设具体情况，相继出台了关于全面加强海洋强省建设的政策文件、建设方案和行动指南。例如，形成了《海洋强省建设三年行动方案（2023—2025）》，对海洋强省建设战略部署涉及的海洋经济发展、海洋产业培育、海洋文化宣传、海洋生态保护、海洋科技利用、海洋综合治理等具体议题均作出了详细解读和实施要求。针对发展过程中不断出现的新问题和新挑战，广东省委、省政府印发了《广东省海洋经济发展“十四五”规划分工方案》，引导多方力量共同参与海洋经济建设，共同解决所遇到的发展难题。为了进一步提质海洋经济发展，广东还重视加强海洋经济高质量发展示范区和现代海洋城市建设规划，及时启动《海洋经济高质量发展示范区建设方案》《广东省现代海洋城市建设方案》编制工作，逐渐建立起衔接有效、完善科学的海

① 吴旗韬：《广东建设海洋强省战略研究》，《海洋开发与管理》2016年第11期。

洋经济以及海洋空间发展体系。

在分区培育方面，广东遵循“多轮驱动、重点突出”的基本原则，基于现有产业布局推行更为细致的区域规划，具体包括海洋主体功能区规划、近岸环境保护规划、近海产业分布规划、区域建设用海规划、港口建设规划等。其中，明确海洋主体功能区规划对海洋开发利用具有鲜明的指导作用，广东针对不同功能区域，分级分类制订“一域一策”建设方案，明确开发方向、开发强度，规范开发秩序，完善开发政策，有利于逐步形成精细化、规范化、高效率的海洋主体功能区发展模式，最大程度激活“先行区域”的发展势能，构建各区域错位发展、优势互补的生动格局。

（四）创新引领，全域联动

广东整体海洋科技力量较为雄厚，海洋科技创新不断迭代升级，成果转化机制逐步成熟健全，海洋科技创新引领全域联动发展的效能得到充分发挥。近年来，广东省委、省政府不断鼓励、引导海洋高新技术有机融入海洋强省建设重点领域，推进海洋科技的平台建设、项目落地、人才培养，持续集中力量进行海洋知识、海洋技术创新，不断完善科技转化与“一站式”服务平台，助力海洋经济实现转型升级，提升经济发展内生动力，蹄疾步稳推动海洋强省建设的整体进程。

以海洋科技创新引领广东海洋强省建设实现高质量发展，要加快构建起“平台端—工程端—人才端”三维路径同向推进的高效发展格局。首先，要提速建设重大海洋科技创新平台。广东应以粤港澳大湾区国际科技创新中心为坚实依托，积极争取国家重大科技基础设施落户广东，谋划建设深海资源系统研究装置、海洋动态观测科考设施、海上综合科研试验场等落地落实。为满足海洋强省建设多样化的科技需求，广东还应充分发挥区域科技优势，加快建设海洋科学与工程科研院所和各级实验室，尤其是要大力支持广州、深圳等沿海核心城市组建海洋科考研究中心、海洋科技创新中心、智能化海洋研究院、深海高端智造科技园区，培育一批对标国际、锚定前沿、满足需要的海洋科学交叉研究平台和高水平研究机构。其次，要积极实施重大海洋科技创新工程。广东应综合考量全域科技创新能力，鼓励科学研究基础扎实、条件优越的各区域持续面向海洋科学前沿，积极开展战略性基础研究，充分结合域内自然资源条件、产业基础条件等基本要素，深化天然气水合物、近海风电、海洋生态等基础理论和科学研究，厚植源头创新能力。再者，广东还须常态化组织实施科技兴海示范工程、重点领域研发、产研项目招标计划，瞄准海洋电子信息、海工装备、海洋生物、海洋公共服务等关键领域，加大核心技术、关键公共技术等研发攻关力度，盘活企业、资金、技术等要素持续流入海洋科技建设全过程，从而加速海洋科技成果转化和产业化。最后，要接续引育重大海洋科技创新人才。广东应将人才赋能放在更加突出的位置，深刻把握人才流动的动因及趋势，贯彻实施海洋重大人才工程。各沿海城市、主要海洋经济带、海洋产业聚集区要立足自身发展情况加强人才队伍的引进、组建、教育和考核工作，制订契合发展实际的海洋“高精尖”紧缺人才、相关人才引进目录，按照“领军人才+科创平台+工程项目+涉海企业”发展模式，面向国内外遴选人才团队，切实加强海洋强省建设的人才、智库支持。

二　锚定战略指向

在海洋强省战略的有力牵引下，广东迅速抓住新的发展机遇，正积极探索从“海洋大省”跨越到“海洋强省”的有效路径。广东省委从推进中国式现代化的战略高度出发，将海洋强省建设融入现代化建设发展大局，牢牢锚定大湾区建设、高质量发展、生存发展空间优化三个关键着力点，狠抓落实，持续发力，致力于广东海洋强省建设取得新的发展成绩。

（一）助力大湾区建设的重要引擎

广东毗邻港澳，面向南海，是连接国内外市场的重要桥梁和纽带，地缘优势十分突出。[①]自改革开放以来，广东依托其区位优势和政策优势，在招商引资、贸易往来、产业集聚、文化交流等领域脱颖而出，成为改革开放的先行者、领跑者和推动者。随着改革开放程度的纵深推进，广东各区域的经济发展持续呈现出你追我赶、蒸蒸日上的良好局面，尤其是海洋经济、海洋产业、海洋科技等新兴领域发展速度惊人，发生了诸多令人惊奇的重大变化。例如，2023年度《广东海洋经济发展报告》显示，广东的海洋经济总量连续28年居全国首位，海洋经济运行韧性彰显，高质量发展取得新成效。“大力发展海洋经济，对广东以高质量发展为牵引、高水平推进现代化建设意义重大。”[②]鉴于此，广东应始终如一依乘改革开放的东风，以更加开放包容的姿态加大关键领域的改革力度，切实增强核心竞争力，为促进粤港澳大湾区实现更高阶发展注入强大动能。

作为湾区的核心区域之一，广东应最大程度把握发展主动，加速融入湾区建设全域、全局与全程。其中，狠抓落实自贸区建设是广东助推湾区实现高质量发展的重要举措。广东省委、省政府要深刻、准确把握自贸试验区的战略定位，加快将广东自贸试验区建设成为粤港澳大湾区深度合作示范区、海洋经济发展先行试验区、“21世纪海上丝绸之路”重要枢纽和全国新一轮改革开放先行地。首先，广东应从自贸试验区的功能定位出

① 杨黎静、钱宏林、李宁：《广东：海洋强省建设策略》，《开放导报》2016年第6期。

② 《在打造海上新广东上取得新突破——十二论认真学习贯彻省委十三届三次全会精神》，《南方日报》2023年7月3日。

发，依循实际情况、制订合乎发展规律的产业政策和产业规划，积极促进广东自贸试验区现代服务业和高端制造业的发展，为服务湾区建设打下坚实的产业基础。其次，广东应顺应时代发展潮流，鼓励自贸区传统服务业向现代服务业转型升级。结合海洋强省建设的现实需要，广东应加大优势海洋产业的发展力度，大力扶持海洋文创产业、海洋文旅产业等新业态，拓宽市场份额，构建更为健全完善的产业发展体系。再者，还应进一步加大自贸区建设专项资金投入，加强孵化、灵活运用先进的现代智能化信息技术，提升自贸区的总体发展水平。最后，广东应把发展高科技产业作为关键任务来抓，加强高新产业建设与集聚工作，建立健全高新技术产业基地，构建、畅通广东自贸试验区创新服务平台，切实提升广东自贸试验区的创新驱动能力。

加强广东海洋强省建设是推动粤港澳大湾区建设进程的战略需要和题中之义。因此，广东应充分认识海洋强省建设的战略导向作用，借助粤港澳大湾区建设带来的新机遇，结合自身的区位优势、资源优势、政策优势，统筹谋划发展布局，带动产业实现创新升级。面对百年未有之大变局背景下机遇与挑战并存的局面，广东应牢牢把握发展机遇，紧紧抓住发展机会，从长远视角出发重新评估当前市场发展的潜力与优势，积极推动劳动力、资金、技术、人员等多元发展要素重新整合，实现海洋强省建设的创新发展，为提升粤港澳大湾区核心竞争力激活更强大的内生动力。

（二）实现高质量发展的关键一环

海洋是高质量发展的战略要地。[①]广东海洋资源得天独厚，向海图强基因历久弥新。大力推进海洋强省建设，是提高广东整体发展水平的正确

① 杨黎静、谢健：《面向海洋强国建设的粤港澳大湾区海洋合作：演进与创新》，《经济纵横》2023年第5期。

选择和现实之需。广东省委应坚决贯彻海洋强省战略不动摇，将构建现代化海洋产业体系作为广东高质量发展的重要抓手，全力支持各类海洋产业的创新发展。在广东省委的高度重视和正确领导下，广东的海洋产业生产总值正在逐年跃升，海洋产业体系也逐渐成熟完备，辐射带动能力不断增强，广东日益成长为我国海洋经济高速发展的核心区之一。依托俯瞰南海、辐射东南亚、毗邻太平洋的显著地缘优势，广东海洋强省建设拥有极其广阔的施展空间，取得了一系列建设成绩，成为贯彻海洋强国战略极端重要的“主战场”。广东应充分发挥海洋区位与资源禀赋优势，狠抓海洋科技创新发展，提升海洋资源开发利用能力，培育壮大海洋战略性新兴产业，加速构建具有国际竞争力的现代海洋产业体系，走出一条通过高质量发展推进中国式现代化的广东路径。

加强海洋制造业建设是构建现代化海洋产业体系的关键任务，能够为实现广东高质量发展提供坚实的产业支撑。海洋制造业既是广东立足本土、实现快速发展的“看家本领”，也是推进海洋强省建设稳步落实的“重要利器”。近年来，广东高度重视海洋制造业的发展，锚定产业前沿，及时发现高端装备制造领域的短板，积极夯实“制造业当家”的根基。海洋工程装备制造、海洋船舶制造、海上风电、海洋油气化工等海洋战略性新兴产业作为广东高端装备制造的代表性产业，是加快海洋制造业创新发展速度、实现规模效应的新增长点。广东应更加重视关键核心技术的研发与应用，进一步推动海工装备、海洋清洁能源、海洋油气化工、海洋生物医药等产业创新发展，着力打造一批掌握高新技术、经济效益好、核心竞争力强的海洋制造业集群，为广东坚持制造业当家、高质量推进制造强省建设、创新性推进海洋强省建设提供强有力支撑。

高质量发展离不开城乡区域协调发展的有效配合。在深入实施海洋强省建设过程中，广东应注重推进城乡区域协调发展迈上新的台阶。广东要借助海洋强省建设的发展契机，进一步激发全省的经济活力。除了要加大沿海城市经济带发展力度以外，还要更加重视粤东地区、粤西北地区、沿海区域县镇村的整体发展水平。广东要积极探索通过帮扶政策由珠三角向域内腹地“输血”，加强资源的有效分配与整合，积极把粤东粤西地区融入发展布局，更加合理规划产业布局，实现沿海地区产业群与广大县镇村有效对接、良性互动，支持沿海县域做好海洋开发“文章”，推动城乡积极融入海洋强省建设发展规划，向更高水平和更高质量发展新局面稳步前进。

（三）优化生存发展空间的现时动能

广东通过海洋强省建设优化生存发展空间是基于多维因素综合考量所作出的正确决定。从自然条件层面来看，广东是人口大省，庞大的人口规模对衣食住行等有着巨大需求。然而，与人口规模不相匹配的是，广东拥有大面积的山地、丘陵地区，平原面积小且分散，条件优越的、可供直接耕作的耕地面积较为有限。与资源禀赋一般的陆域条件相比，广东面朝我国南海，岸线绵长，海域面积广阔，海洋资源十分丰富。鉴于此，将发展目光投向海洋，把海洋开发视为拓展生存发展空间的重要任务成为一种必然选择。从改革开放层面来看，随着开放程度的持续、深入推进，广东全域的城镇化水平不断提高，产业结构也加速优化升级。近年来，广东的产业信息化发展到了一个新的高度，诸多工作任务可直接由智能化机器完成，这也促使诸多劳动密集型产业重新思考发展规划，逐渐退出竞争激烈的广东市场，向劳动力成本更为低廉的地区转移。此举虽然有利于广东整体产业结构优化升级，但也直接带来了工作岗位减少、失业人口增加等现实问题，其中就包括较大规模的农村劳动力找不到合适的就业机会。种种问题已经表明，现阶段广东的经济发展受到了较多限制，广东想要继续保持经济的稳定和持续发展，就应该勇于突破原有的、不合时宜的发展模式和发展观念，将经济发展的目光投向广阔的海洋，把发展“大舞台”搭建在海洋之上，从而创造更加广阔的发展空间。

加强对海洋的开发利用不仅能在较大程度上满足人们对物质资料的需求，而且海洋资源具有蕴藏丰富、新陈代谢快等显著特征，适当的开发力度不会影响海洋资源的再生积累。更重要的是，将发展视角聚焦海洋有利于培育新的经济发展模式，能够减少广东经济发展对陆域资源的开发和需求，让更多的陆域资源发挥最大效用，优先用于满足人们的基本生存。[①]在不断创新、有效运用现有海洋资源和科学技术成果的前提下，广东能够创造出更为优质的、具有品牌效应的海洋产品和服务，新增一批经济增长点，有效缓解资源压力与就业压力，为促进经济发展创设更加宽松自由的新环境。

总而言之，优化生存发展空间从本质上来说就是要为经济社会发展提供更加宽广的平台。广东省委要始终立足发展实际和人民需求，在充分利用市场创新发展模式和体制机制的同时，积极为海洋经济发展做好牵引和部署工作，其中，包括通过完善基础设施建设引导海洋产业高效发展、向外扩张，通过完善渔业和养殖业基地建设引导海洋渔业规模化发展，通过港口项目建设引导港城经济一体化发展，通过沿海交通基础设施建设引导环区域经济带协调发展等具体任务。只有从海洋战略高度充分认识到向海洋拓展生存发展空间的必要性和必然性，才能在实际行动中增强责任感与自信心，为海洋经济持续健康发展打造一片“新天地”。

① 谢安、邹宇静：《广东海洋强省发展战略背景下发展海洋文化产业的思考与对策建议》，《中国集体经济》2016年第18期。

三 坚守基本原则

以海洋强省建设助力中国式现代化高质量发展是一项系统性工程，不可能一蹴而就，而是要遵循建设的基本原则和主要规律，循序渐进地推进各项工作落细落实。广东省委要在具体建设实际中深刻洞悉并掌握海洋强省建设的发展规律，紧密依循建设基本原则，有序贯彻海洋强省建设的战略部署，促进海洋强省建设取得新的成绩，推进中国式现代化行稳致远。

（一）整体统筹与区域优化同向发力

整体统筹与区域优化并非相互排斥、截然不同的矛盾体，而是辩证统一、各有侧重、在一定条件下可以相互转化的有机整体。广东推进海洋强省建设不是从字面理解，只注重发展沿海地区，只扶持与海洋相关的产业，更不是单纯依靠某些沿海地区、近海产业的发展就能达成战略目标。若是如此，广东海洋强省建设就注定长期处于比较低的发展水平。鉴于此，广东在推进海洋强省建设时一定要摒弃思维定式和单一的发展模式，从“全省一盘棋”的战略高度统筹全域协调发展。同时也应该看到，各个区域的发展条件和水平不可能是一致的，甚至会存在较大差距。比如，有的地区依托优越的地缘条件与雄厚的经济实力，在贯彻海洋强省建设时起步较早，发挥着更加积极的作用。对于这些优势地区，广东应该更主动地为其制订发展规划，帮助其走得更快、更稳、更好，将示范作用发挥到极致，引导其与先天条件一般的后发地区有效衔接起来、联动起来，从战略高度层面提高广东海洋强省建设的整体发展水平。

坚持整体统筹与区域优化同向发力、一体推进，可以从组织领导、财政扶持、指标体系三个层面深化思考。其一，要将组织领导放在更加突出的位置。广东省委应切实加强对海洋强省建设的全面领导，建立健全集中统一、完备高效的海洋工作领导体制机制，从而实现对全省海洋事务的整体统筹，更加有效地协调、解决海洋事业建设过程中所遇到的各种难题，督促各区域各部门持续跟进海洋建设实际任务，落细落实责任担当与任务要求。尤其是沿海地区要更加重视主体责任，结合本地区发展实际进一步细化全面推进海洋强省建设的目标任务与具体措施。另外，各区域也要加强配合、强化协作、主动作为，形成发展合力，逐渐缩小发展差距，不断推动海洋开发建设能力现代化。其二，要加快健全海洋事业财政扶持机制。推进海洋强省建设离不开专项资金的大力支持，广东省委要重视整合各级财政资金，稳步增加对海洋产业、海洋科技、海洋生态等方面的投入。可以通过设立海洋经济创新发展基金，建立公开化、多元化的资金“投入—审批—使用”机制，吸引更多主体积极参与到海洋强省建设中来。其三，要探索建立海洋经济高质量发展指标体系。海洋强省建设的成效能够直观反映在海洋经济的发展程度上。因此，广东要健全海洋经济统计、核算、评估制度，构建现代海洋经济统计调查体系，打通海洋经济建设的节点、堵点和关键点，畅通经济建设高质量发展的渠道和通路。广东省委要始终发挥好带头作用，协调全省海洋经济向快、向好发展，避免出现较大发展落差，注重从整体统筹高度提高广东海洋强省建设发展水平。

（二）重点突破与常态推进相互配合

广东的陆域面积与海域面积广阔，便于海洋强省建设空间布局，发展前景一片向好。正是基于宽广的场域空间，广东不同地区在推进海洋强省建设时注定会呈现出不同的发展特点和发展阶段。例如，有些地区凭借优越的地理位置和资源禀赋，很早便开始了海洋开发利用的探索历程，逐渐积累起丰富的建设经验和建设模式；有些沿海产业依托雄厚的资金支持，加之掌握了关键核心技术，产业发展也取得了相当不错的成效。而有些地区由于受到地理条件、建设资金、科学技术等多重因素的制约，在融入海洋强省建设的过程中发展速度较慢，发展成果也不够突出，仍然存在一系列亟待解决的发展难题。因此，坚持重点突破，就是要紧盯发展优势充分彰显的地区和产业，采取有效举措帮助其进一步培优建强。坚持常态推进，就是要关注推进海洋强省建设起步较晚的地区和产业，帮助其做好发展规划、及时纠正发展难题，有效融入整体发展大局，迎头赶上先行地区的发展水平。只有坚持重点突破与常态推进有机融合，才能凝聚起海洋强省建设的最大合力，推动海洋强省建设实现质与速的提升。

坚持重点突破与常态推进有机配合、互促互进，最高效的方法便是将各个地区统筹起来、将各种类型的海洋产业串联起来，从整体上提高海洋强省建设的发展水平。第一，要大力推进海洋优势产业提质增效。其中，要重点支持高端船舶和海洋工程装备产业快速发展。广东要充分立足区域科技优势，大力支持船舶、海工装备等企业开展智能化、数字化、网络化改造，切实提升海洋工程辅助用船、深海多功能救助船、智能疏浚工程船等高技术船舶与特种船舶生产能力；全力培育高端装备研发、制造产业，提升海工装备总包和设计能力，致力于打造国内先进的高端船舶和海洋工程装备产业集群。第二，要注重发展高质量的海洋旅游产业。海洋旅游能够很好地把各区域、各相关产业联动起来，增强经济发展的协调性、灵活性和创新性。因此，广东应瞄准滨海旅游市场，及时分析游客需求，大力发展高品质、国际化、人性化的滨海旅游度假区，加快“海洋—海岛—海岸”旅游立体开发，积极培育以海岛旅游为主的海洋旅游产业集群，争取在较短时间内培育形成世界知名、经济效益好的海洋旅游观光地。第三，要聚焦产业前沿培育壮大海洋新兴产业。广东应结合发展需求全力支持海洋卫星通信、巡海导航、遥感装备、水下立体探测、深海传感器、超短波通信等核心技术实现迭代升级，加快建设海洋电子信息集群化示范基地，推进新一代信息技术在海洋领域应用，实施“智慧海洋”“智慧海防”工程，充分利用科技赋能海洋强省建设，加快推进广东海洋开发利用现代化进程。

（三）吸收外来与面向本土有机统一

广东推进海洋强省建设不能只顾埋头苦干、硬干，而是要加强学习先进的做法和经验，从而在建设过程中游刃有余，争取早日取得丰硕的建设成果。学习先进经验的思想前提是要在认知层面及时摒弃“等靠要”惰性思维，时刻做到主动出击、积极作为，始终坚持“吸收外来”与“面向本土”的有机统一。所谓“吸收外来”，就是要加强向世界海洋强国学习，主要学习其进行海洋开发利用的先进模式和有益经验，坚持为我所用的学习原则；此外，还要加强向我国其他沿海省份学习，借鉴其向海图强、大力发展海洋经济的有力举措和现实路径，在学习过程中知不足、析原因、抓落实。所谓“面向本土”，就是要在学习外来经验的基础上立足广东进行海洋开发的实际情况，善于发现、剖析、解决存在的发展难题，制订更具针对性的发展规划和发展目标，从而加快广东海洋强省建设的整体进程。

一方面，世界海洋强国围绕海洋开发积累的有益经验为广东海洋强省建设提供了很好的借鉴。首先，要加强政府对海洋事务的综合管理。应积极引导涉海各部门紧密联系、共同协作，推动海洋资源优化和开发利用。例如，澳大利亚将“综合管理”作为海洋发展战略的重大原则，取得了非常显著的综合规划成效。广东可以主动效仿其他国家的先进经验，加快完善并严格实施海洋开发综合管理，建立健全海洋管理的机构和机制。其次，要明确各个涉海部门的工作职责。多数海洋国家在进行海洋开发时尤为注重统一调配海洋行政管理工作，明晰各个部门的相关职责，将繁杂的海洋事务进行细化管理，并分配给相应的部门跟进落实。广东应结合自身的架构特色，尝试将海洋开发工作进行梳理、细化，安排专人专职负责跟进，从而提高工作效率。最后，要更加重视海洋科技创新。世界海洋强国发达的海洋经济无一例外都是建立在对高新技术的大力开发与创新之上，唯有注重创新，才能将科技优势源源不断地转化为经济优势。广东应狠抓科技创新关键领域，加快开展科技攻关和科技成果转化与应用工作，促进海洋经济快速发展。

另一方面，我国沿海强省向海图强的发展经验对广东推进海洋强省建设具有重要的启示作用。首先，要重视发挥航运中心辐射带动作用。例如，上海市利用国际航运中心的基础，积极布局邮轮产业链，带动周边装备制造产业、旅游产业、物流产业等相关业态的发展。广东可以通过加大沿海良港的建设力度，提升航运运载能力，吸引一批优势产业进驻，逐渐形成产业集群效应。其次，要加强优化海洋产业布局。广东应有效发挥地区资源的比较优势和绝对优势，充分利用各地资源，提高各地区资源综合利用率和经济效益，促进各地区海洋经济繁荣发展。最后，要持续贯彻落实海洋可持续发展战略。在发展海洋产业时，广东省应吸取其他省份建设海洋经济的经验教训，从一开始便强调海洋产业的可持续发展，注重海洋资源的可持续开发和海洋生态环境的全天候保护，大力推动海洋开发利用走上高质量、内涵式发展之路。

（四）彰显特色与创新赋能双轮驱动

坚持科技兴海是广东推进海洋强省建设的必由之路。面对全球产业链重构以及高新技术激烈竞争的“双重挤压”，广东要始终锚定科技前沿，矢志不渝坚持科技创新，最大程度加速推进海洋科技创新成果的转化与应用。在利用科技赋能海洋强省建设方面，广东与其他沿海省份相比有较为明显的优势。从科研实力层面来看，广东拥有一批高质量的科研院所和研究型高校，整体科研水平较高，关涉“海洋”议题的研究已经形成了比较成熟的研究模式和研究经验。而且，广东高校林立，尤其是以中山大学、广东海洋大学、广州航海学院为代表的高校开设有系统完备的海洋研究课程，并配备有各级海洋研究实验室，在海洋知识传授、海洋人才培养、海洋课题承接等方面积累起了兼具系统化、理论化、创新性的研究体系。从资金支持层面来看，广东作为改革开放的前沿阵地，各类产业云集，经济贸易往来频繁，总体上经济十分发达。尤其是以广州、深圳为主要代表的核心城市经济发展程度较高，十分重视且有实力投入大量资金支持海洋科技研发，逐渐构建起成熟健全、运行高效的海洋科技基金支持系统。鉴于此，广东在推进海洋强省建设时要立足本省雄厚的科技优势，持续“优化海洋领域科技创新资源配置”①，积极采取措施引导海洋科技要素融入海洋产业创新发展全过程，做到既坚持自身发展特色又依靠科技创新赋能，加速推进海洋强省建设。

推动海洋科技创新引领海洋强省建设，可以从海洋基础设施完善、高新技术研发、成果转化平台搭建、海洋人才队伍培养四个层面综合部署。一是要高质量完善海洋科技创新基础设施。广东应为海洋科技创新营造更加开放、自由、便利的良好环境，探索推动重大海洋科研仪器设备的研发和共享，有效促进各类海洋创新要素高效配置与跨界自由流动。二是要聚焦前沿加速海洋高新技术研发。广东应立足本土科技创新能力，以重点项目为依托加快攻关海洋生物医药、海洋电子信息、海工装备等产业的“卡脖子”技术，兼顾海洋基础创新与应用创新，着力打破一些西方国家在海

① 黄何、王增栩、谷卫彬：《促进广东海洋强省建设的对策探讨》，《广东科技》2021年第7期。

洋高科技领域的绝对话语和无端封锁。三是要高标准建设海洋科技创新成果转化平台。广东应协同分布各地区的科创高地，以市场机制不断激发科研聚集地的创新活力，营造高效协同、产研融合的海洋科技创新生态网。四是要加大海洋科技专项人才培养力度。“人才是科技创新的核心。”[①]广东应积极促进粤港澳大湾区海洋科技人员之间的交流与合作，鼓励湾区院校互设分校及共建优势专业学科，支持涉海科研院所与企业共建科研人员流动站、海洋研发中心等，培育一批别具特色、基础过硬的湾区“海洋智库”人员，为助力海洋强省建设提供源源不断的专业力量支持。

四　落实重点任务

以海洋强省建设推进中国式现代化，广东应挺膺担当、奋发有为。积极探索海洋强省建设永远处于进行时，绝不是一个僵化不变、可以随意复制的完成形态。广东应始终带着发展的眼光开展建设工作，科学论证、狠抓落实工作重点，坚持任务导向、问题导向，在落实重点任务的过程中促进海洋强省建设取得新进展、新成绩。

（一）提升海洋经济国际竞争力的核心区

广东海洋经济发达，经济总量位居全国首位。持续发挥海洋经济建设的显著优势，使其在较长时间内继续保持高质量、稳定发展，致力于把广东打造成为具有较强国际竞争力的海洋经济核心区之一，仍然是现阶段广东推进海洋强省建设必须达成的重要任务。新时代以来，面对日益激烈的

① 《如何打造“海上新广东”？十余位院士专家齐聚南沙为海洋强省建设支招》，《21世纪经济报道》2023年5月23日。

外部竞争、市场需求收缩、优质供给不足、发展动能乏力等一系列超预期因素的影响，广东海洋经济发展在一定程度上难免会遭受冲击和打压，从而呈现出阶段性的发展速度放缓、产业结构亟待优化、供需市场不相匹配等突出特征。面对内外部因素复杂交织的局面，广东始终坚持顶压前行、积极作为，推动政策靠前发力、工作提速加力、任务完成助力，坚持通过开辟市场、扩大内需正确引导海洋经济发展走向高效平稳。

除了从整体上狠抓海洋经济发展，广东还十分注重区域海洋经济的建设情况。依托优越的区位条件和商业发展基础，珠三角地区自古以来便是人员密集、经济商品贸易异常活跃的地区之一。尤其是海洋强省建设实施以来，珠三角地区凭借优渥的发展条件，使海洋经济动能得到不断积蓄，各种有利于经济发展的因素被充分激活、调动起来，成为推动海洋经济发展的“强因子”和“奠基石”。在海洋强省建设的有力牵引下，区域海洋产业不断优化升级，特别是作为经济发展重要引擎的现代化海洋产业体系建设取得了较大进展，产业基础高级化、产业链现代化、产业服务人性化加速推进，收效颇丰。近年来，珠三角地区通过紧抓大项目、大平台建设，海洋风电开发、绿色石化产业、海洋工程装备、海洋新能源产业呈现跨越式发展态势，成为拉动地区经济增长的重要动力引擎。除此之外，各区域在谋求发展的探索之路上更加注重推进共建合作，加速凝聚起更强大的发展合力。例如，海洋开发利用工程研究中心挂牌运作、海洋综合试验场依次落户、海洋产业合作平台加快建设等重大举措落实落地，海洋经济整体合作水平显著提高。各区域通过加强合作，涉海产业建设进一步走向集群化、规模化，上下游产业链有效衔接配套，逐步形成全产业链生态体系，产业竞争力持续增强，海洋经济得以持续向好发展。

（二）搭建海洋科技创新成果转化的集聚区

广东对海洋科技创新常抓常严的同时，也十分注重将最新科技创新成果进行转化和应用。需要明确的是，科学研究与创新成果之间并不能仅凭自身力量实现相互转化，而是要采取措施打破理论研究与成果孵化间的壁垒，解决好“最后一公里”的转化问题。海洋科技创新成果转化是一项关涉多重因素、需要多方力量协同参与的系统性工程，广东为了加速创新成果转化作了诸多有益的努力和尝试。一是依托重大课题立项，夯实海洋科技研究能力。广东重视处理好理论研究与成果孵化的辩证关系，通过加大海洋科技专利成果申请与保护力度，提高海洋渔业、海洋可再生能源、海洋油气及矿产、海洋生物医药等领域的科研水平，课题立项数量和专利申请数量稳步增加，为创新成果转化奠定了坚实的研究基础。二是聚焦国际前沿，筑牢海洋科技成果转化根基。广东在借助海洋研究课题立项的基础上，进一步对标国际前沿技术，大力实施省级海洋经济发展重大产业和重点领域研发专项行动，结合前沿技术发展走势和本土现实发展需求，加紧研发一批国际先进、国内领先的国产化技术和装备，增添了创新成果孵化的底气和信心。

随着海洋强省建设不断深化发展，广东凭借敢闯敢干、敢于创新的精气神在海洋科技创新成果转化领域逐渐走出了一片新天地，不断追平甚至赶超世界先进水平。例如，广东全球首艘具有远程遥控和开阔水域自主航行功能的科考船母船“珠海云”号下水、全球最大的抗台风半直驱海上机组正式下线、我国自主设计建造的亚洲第一深水导管架“海基一号”正式投产等一系列重大科技创新成果充分彰显了广东推进海洋科技创新的雄厚实力。为此，广东应立足现有成绩，做到戒骄戒躁、奋起直追，加速构建起“海洋科技实验室+海洋知识科普基地+海洋科技创新协同合作中心+海洋企业联盟”四位一体的海洋科技创新成果转化新体系。各涉海产业要紧密依循体系要求，加强与科研机构的交流合作，主动分析国家战略导向和受众需求，加速推出竞争力强的科技创新成果，加快形成成果转化与应用示范基地，织密建强广东海洋强省建设科技赋能“创新带”。

（三）提升海洋综合管理能力的先行区

广东在全面建设海洋强省的重大战略要求下，充分立足自身发展实际，勇于直面建设过程中出现的各种困难与挑战，尤其重视解决涉海重大事项缺乏统一高效的管理体制机制的难题，从整体统筹高度将提升海洋综合管理能力作为当前提质海洋强省建设的一个重要任务来抓，致力于为广东海洋保护开发事业织就一张纵横到边、覆盖到位的综合管理网络。

为加速构建起系统配套、有效衔接的综合管理先行示范区，广东结合海洋强省建设的具体要求从完善规章制度、规范海岛开发、提升监测能力三重维度进行细致谋划。一是完善海洋综合管理法规制度体系。广东遵循政策要求持续推进海洋领域改革创新，研究制定了海域立体化、分层次设权试点，将海洋事务精准分配给相关部门负责，探索建设涉海事务“一站式”认领、落实、评估机制，提高办事效率和水平。在管理海洋产业方面，广东还积极推动海洋渔业、水箱养殖等海域使用权市场化配置，通过发挥市场机制作用有效引导更多要素流入海洋养殖业，从而促进海洋资源实现有效、合理配置。在管理近海区域方面，广东注重加强海岸带、海域、海岛综合保护利用，积极开展广东海岸带综合保护与规划工作，结合实际不断探索制定海岸线开发、管理办法，不断完善海岸线占补政策体系。二是推动海岛保护和开发工作。广东在全省范围分批开展海岛监测、巡视、考察和归档工作，积极设立海岛生态修复试点并跟进验收工作成效。针对地理位置佳、资源禀赋好的海岛区域，广东还注重推行“公益+

旅游”开发利用试点，持续评估开发收益与成效，致力于打造一批特色鲜明、经济效益好的“海岛游”品牌。三是不断提升海洋预警监测能力。广东相继印发了《广东省海洋观测网“十四五”规划》《关于建立健全全省海洋生态预警监测体系的通知》《广东省赤潮灾害应急预案》等相关文件，加快构建符合广东实际的海洋生态预警监测和防灾减灾体系。经过持续努力，现阶段广东已经顺利完成第一次海洋灾害综合风险普查主体任务，建立起数据翔实、真实可信的全省海洋灾害风险数据库，并形成了兼具科学性、实效性、针对性的全省海洋灾害防治区划和防治建议，海洋综合管理能力得到进一步提升，正不断适应海洋强省建设的实际需求。

（四）加强海洋生态文明建设的示范区

推进海洋强省建设要以加强海洋生态环境保护为基本前提，“避免无视环境盲目发展的短期行为”[①]，并通过海洋生态文明建设倒逼海洋开发利用提高科学合理性。广东在加快推进海洋强省建设的同时，也要同步进行海洋生态文明建设，牢牢守住海洋现代化建设的“基本红线”和“发展根基”，营造生态优美、彰显活力的海洋开发利用新局面。

为有效提高海洋生态文明建设质量，广东加快构建起了保护修复、综合治理、防灾减灾三位一体的建设格局。首先，加大海洋生态环境保护修复力度。基于海洋生态环境保护实际情况，广东科学划定了海洋保护和开发“生态红线”，严格实施陆域、海域协同一体的国土空间用途管制和生态环境分区管控体系。为了提升海洋环境保护实效，广东还重视建立健全海洋生态补偿机制，积极探索开展海洋生态补偿试点并跟踪评估。结合岸线绵长、海域广阔等基本特点，广东倾力开发“生态保护+公益旅游”发

① 吴迎新、陈平、李静等：《广东建设海洋经济强省的优势、问题和对策》，《新经济》2014年第7期。

展模式，加快建设珠江口区域国家公园，构建以国家公园为基点向外辐射的自然保护地体系，筑牢沿海珍稀物种生态廊道和生物多样性保护网络。其次，强化陆海污染综合治理。广东始终坚持实施陆海污染一体化治理，大力推行入海污染物排污总量控制制度，在重点海湾及入海口常态化开展入海排污口排查整治行动，完善分类备案体系和分级监管平台，按照精准排查、综合防治相关要求编制实施重点海域入海河流水质改善方案，逐步完善海洋污染防治协同合作体制机制。最后，提升海洋防灾减灾能力。广东应加快建立沿海地区和海上突发环境事件风险动态评估和防控机制，统筹应对各种风险隐患和海上各类环境突发问题。广东要以海洋科技平台为基点助力建设海域动态监测及防灾减灾教育基地，提升海洋灾害和衍生灾害链全天候综合检测、预报预警和决策咨询能力。结合南方雨水多、台风频发等气候特点，广东还应加快完善防潮基础设施建设，实施沿海防护林和生态堤坝建设工程，强化渔港和船只避风塘建设，科学划定海洋灾害重点防御区和避险区，定期开展海洋灾害风险评估、隐患排查和综合治理，使得海洋生态文明建设有力、有效、有为，提高广东以海洋生态环境保护助力海洋强省建设的整体质量。

（五）活化利用海洋文化资源的创新区

广东拥有丰厚的海洋文化资源，蕴含着广东人民特有的精神风貌、风俗习惯和智慧结晶，是广东实现内涵式发展的宝贵财富。因此，广东在推进海洋强省建设时，要时刻注意协调好海洋经济发展和海洋文化资源传承保护的辩证关系，牢固树立越是要促进经济发展，就越要保护好海洋文化资源的意识。只有更加珍视海洋文化资源，才不至于在发展中失去文化根基和精神指引，才能在更加纷繁复杂的发展境遇之下助力广东海洋强省建设取得更大成就。

广东在强化海洋文化资源保护利用过程中，逐渐构建起海洋知识宣传教育、海洋文化资源开发利用、海洋文化产业加速发展三维协同推进的良好格局。一是增强海洋文化意识宣传培育。广东紧密结合海洋强省建设的具体要求，推进在全省范围内引导广大人民全面树立现代海洋观，积极引导各级各类学校推动海洋知识“进学校、进教材、进课堂、进头脑”，形成与海洋强省建设相适应的全民海洋知识。为了增强宣传效果，广东还加强实施全媒体传播工程，融合“海洋日”“航海日”“南海开渔节”“海事节”等海洋主题宣传活动品牌，加强海洋题材创新挖掘、创作生产、创意传播，进一步讲好广东海洋故事、宣传好海洋文化资源建设故事。二是加强海洋文化资源开发利用。广东应持续开展海洋文化遗产普查和保护工作，强化海洋文物古迹、自然遗产、非物质文化遗产系统性保护，积极申报“海上丝绸之路”主题世界文化遗产，探索开展水下文化遗产调查和保护研究，支持建设一批省级和地方统筹配套的海洋特色博物馆及涉海文化展馆，致力于打造具有国内重要影响力的海洋科普和教育基地。三是大力发展海洋文化产业。海洋文化产业作为海洋经济与海洋文化的结合体，离不开时代经济发展机遇，更离不开海洋强省建设的战略指引。广东应立足本土产业基础，深刻把握新一代科技变革和产业升级机遇，善于利用大数据平台综合分析海洋文化产业发展前景，探索实施“蓝色+”发展模式，将海洋产业与交通运输业、旅游业等其他产业进行深度融合，实现共同发展和利益共享，加速孵化一批国内领先、享誉国际的海洋文化产业集群，使之成为推动广东海洋强省建设的中坚力量。

第二章

海洋经济发达：推动海洋产业结构转型升级

CHAPTER2

广东省沿海而兴、因海而富、向海而强。广东省在改革开放四十余年的历程中，充分发挥沿海地域独特优势，积极探索海洋经济发展模式，取得了举世瞩目的成就，已成为全国最具活力、开放程度最高、创新能力最强的海洋经济省份之一。2023年6月20日，中国共产党广东省第十三届委员会第三次全体会议在广州召开，会上提出“锚定一个目标，激活三大动力，奋力实现十大新突破”的“1310”部署，部署要求全面推进海洋强省建设，在打造海上新广东上取得新突破。[①]这一部署对广东省海洋经济发展提出了更高的发展要求，也为广东省未来海洋经济发展指明了方向。在新起点上，推动海洋产业结构转型升级，成为未来一段时期内广东省海洋经济发展的着力点，现代化沿海经济带、区域海洋经济合作圈、陆海经济通道、现代海洋产业体系将成为拉动广东省海洋经济强省建设的“四驾马车”。

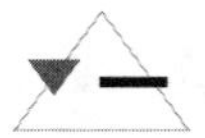

一　形成高质量发展的现代化沿海经济带

广东省沿海经济带规划范围包括广东省沿海陆域及相关海域，总面积约12.09万平方公里。[②]广东省沿海经济带发展基础深厚，区位优势突出，战略地位极其重要；资源禀赋优良，经济实力雄厚，产业体系完备，区域

① 《中国共产党广东省第十三届委员会第三次全体会议决议》，《南方日报》2023年6月21日。

② 《广东省沿海经济带综合发展规划（2017—2030年）》，广东省人民政府门户网站2017年10月27日。

创新能力居于全国前列。面对当前世界新一轮科技革命和产业变革不断深化、国家“一带一路”建设持续推进、“海洋强国”战略生根发芽等重大战略机遇，广东省建设高质量发展的现代化沿海经济带机遇良好、前景广阔、势头强劲。

广东省委、省政府高度重视广东省沿海经济带的构建和发展。2017年10月27日，广东省政府印发并实施《广东省沿海经济带综合发展规划（2017—2030年）》，提出建设世界级沿海经济带的要求。[①]2018年12月，广东省委、省政府出台《关于构建“一核一带一区”区域发展新格局促进全省区域协调发展的意见》，明确将沿海经济带作为新时代全省发展的主战场。2019年，广东省政府制定出台《关于推进广东省海岸带保护和利用综合示范区建设的指导意见》，着力打造现代化沿海经济带。

加快现代化沿海经济带的高质量发展，是主动适应、引领经济发展新常态的需要，是落实“1310”重大部署的要求，对于推动海洋强省、海洋强国建设，融入国家发展大局，落实国家重大战略具有重要意义。

（一）深入推进海洋经济发展示范区建设

海洋经济发展示范区是承担海洋经济体制机制创新、海洋产业集聚、陆海统筹发展、海洋生态文明建设、海洋权益保护等重大任务的区域性海洋功能平台。[②]建设海洋经济发展示范区，是促进经济社会发展和海洋强国建设的重大战略部署。2016年3月，《国民经济和社会发展第十三个五年规划纲要》提出要建设海洋经济发展示范区。2018年11月，国家发展和改革委员会和自然资源部印发《关于建设海洋经济发展示范区的通知》，

① 《广东省沿海经济带综合发展规划（2017—2030年）》，广东省人民政府门户网站2017年10月27日。

② 《关于促进海洋经济发展示范区建设发展的指导意见》，中国政府网2017年1月11日。

确定了支持14个海洋经济发展示范区建设的规划。

目前，广东省内的国家级海洋经济发展示范区有两个，分别是设立在市的广东深圳海洋经济发展示范区和设立在园区的广东湛江海洋经济发展示范区。二者立足不同城市，承担不同任务，服务相同战略，落实相同部署，为深入探索海洋强省建设的广东实践探索出各自的创新路径。广东深圳海洋经济发展示范区主要承担加大海洋科技创新力度，引领海洋高技术产业和服务业发展的重大任务；广东湛江海洋经济发展示范区主要承担创新临港钢铁和临港石化循环经济发展模式，探索产学研用一体化体制机制的重大任务。[①]

广东湛江海洋经济发展示范区设置在湛江经济技术开发区内。湛江经济技术开发区自设置以来形成了以临海钢铁和临海石化两大产业为主导，涵盖海洋装备制造、海洋生物制药、海洋现代渔业、海洋物流业、海洋服务业等领域的海洋产业体系，为创建海洋经济发展示范区奠定了雄厚的产业基础。近年来，示范区引进宝钢湛江钢铁、中科炼化一体化、巴斯夫（广东）炼化一体化、京信东海电厂等项目，依托成熟的临港钢铁和临港石化产业体系，着力发展海洋高端装备制造、海洋生物制药、海洋运输及临海物流、现代海洋渔业、滨海旅游和海洋服务等八大产业，探索出依托现有海洋产业结构基础，瞄准未来海洋经济战略前沿方向的海洋产业更新升级新路径。[②]

作为海洋经济发展的先行示范基地，广东省需要抢占战略先机，加快全面部署，从三大方面着手将海洋经济发展示范区打造成现代海洋产业发展新的增长极。

第一，加强政策引导，完善行政配套服务体系。示范区作为国家设立

① 《海洋经济发展示范区名单及主要示范任务》，中国政府网2018年11月24日。

② 《湛江市制造业高质量发展“十四五”规划》，湛江市人民政府网站2021年9月9日。

的前瞻性战略发展基地，强大的政策支持力度是其能够突破发展坚壁的重要动力来源。广东省政府及深圳市、湛江市政府需要在国际规划框架内，加强示范区服务性政策的针对性，科学定策，精准施策，同时要打破行政层级之间的壁垒障碍，强化省—市—区域三级联动机制，通过政策融通推进生产资料流通。

第二，缩短产学研转化链路，提高科技对海洋经济的贡献程度。设立示范区的任务之一就是在区域范围内探索出未来海洋先进产业发展模式，加快推进现代海洋产业在示范区内落地生根，发挥好广东省内强大的科研基础能力是关键一招。省、市要将政策、资金等帮扶方式适当向海洋科技转化、海洋产业这一领域倾斜，促进科研机构拿出更多创新成果，推动一批掌握高端技术、发展先进海洋产业、有生命力有积极性的先进企业在示范区内茁壮成长，缩短产学研转化的链路，为区域发展增添力量。

第三，拓宽资金来源渠道，推动金融支持服务创新。示范区作为一个新兴发展基地，前期资金投入的多少决定了其后续产出的多少。各级政府要拿出专项资金向示范区内精准灌注，先行盘活区域内各种生产要素。同时科学制定金融支持帮扶政策，用市场化的手段对市场内主体实施帮助，激发造血能力和内生动力，促进多元产业模式的形成和发展。

（二）拓展沿海经济带东翼创新发展空间

沿海经济带是新时代广东省实现高质量发展的主战场。沿海经济带由珠三角沿海7市和东西两翼地区7市组成。其中东翼以汕头市为中心，包括汕头、汕尾、揭阳、潮州4市。[①]

作为改革开放后建立的第一批经济特区之一，广东省沿海经济带的

① 《广东省沿海经济带综合发展规划（2017—2030年）》，广东省人民政府门户网站2017年10月27日。

东翼核心城市——汕头市围绕打造现代沿海经济带重要发展极这一目标任务，提出“培育发展重大产业集群，打造东翼沿海经济带产业发展主战场”。汕头市立足域内优良的海上风电资源禀赋，瞄准清洁能源领域，发挥港口、土地、海洋等既有资源优势，打造海上风电全产业链基地，激发海上风电产业发展巨大潜力。一项项突破性清洁能源科研成果加快转化，一大批先进海上风电装备问世，围绕海上风电产业配套的高端装备制造业、海洋工程装备制造业等海洋战略性新兴产业加快布局，无不昭示着汕头在完成打造沿海经济带东翼创新发展空间这一重大部署上，已经探索出了一条独具特色的创新之路。

沿海经济带东翼创新发展的重点是以汕头为中心，加快推进沿海经济带同城化发展，建设资源共享、一体化融合发展的汕潮揭特色城市群。加快潮惠、揭惠、汕湛高速汕头段及潮汕环线等高速公路建设，推进广梅汕铁路二线、厦深高铁联络线、汕头港疏港铁路建设，规划建设粤东城际轨道，形成汕潮揭“一小时生活圈”。围绕汕头港、高铁潮汕站、揭阳潮汕机场三大交通枢纽，建设汕潮揭临港空铁经济合作区，着力发展临海能源、临海现代工业、海洋交通运输、滨海旅游、水产品精深加工等产业。加快揭阳副中心建设，打造广东区域新发展极。推动粤东各市加快对接和融入海峡西岸经济区发展，加快推进汕头至漳州铁路、鹰梅汕铁路、宁莞高速等项目建设，连通江西、福建发展腹地，携手福建共同建设海峡西岸经济区和“21世纪海上丝绸之路”支点。

（三）打造链接沿海经济带的便捷交通网络

现代化的交通是现代经济肌体的大动脉，也是广东省落实海洋强省战略、加快建设现代化沿海经济带的高速管道。打造链接沿海经济带的便捷交通网络，是广东省走在全国前列探索沿海经济带辐射发展模式的基础性部署，也是实现沿海经济现代化的关键一招。打造链接沿海经济带的便捷交通网络，总体要求是加快建设沿海交通运输主通道，打造沿海快速综合交通运输网络，推进建设一体高效的综合交通枢纽，构建绿色便捷的沿海综合交通运输体系。①

近五年，广东省沿海经济带东西两翼大力推进交通基础设施建设，着力构建综合立体交通网络，聚焦实现沿海经济带交通互联互通，为沿海经济带加快融入海洋强省建设提供了强有力的通路支撑，为全省现代化经济协调发展增添了更多可能。2023年9月26日8时30分，广汕首趟高铁G9726次列车从广州东站开出，约70分钟后到达粤东地区的汕尾站。这标志着连接珠三角核心地区与广东省沿海经济带东翼地区的第二条高铁正式开通运营。广汕高铁作为我国东南沿海高铁通道的重要组成部分，为广东省沿海经济带联通协同、共同发展构筑了更为坚实的设施基础。

打造链接沿海经济带的便捷交通网络，需要从陆上、海上、空中和交通枢纽四个节点综合发力。

在陆上领域，交通网络重点在于对接国家综合交通布局，以完善高速公路、沿海高铁为重点，打造“一横四纵”沿海综合运输通道，建设珠三角与粤东、粤西沿海片区便捷通达、辐射泛珠三角地区、服务全国、连通世界的现代化综合交通运输体系。

海上领域，着力于明确港口功能和布局，建设现代化沿海港口服务体系，以沿海主要港口为中心，提升港口航道、锚地等支撑保障能力，打造衔接有序、协同联动的航运集疏网络，促进海陆空互联互通。

空中领域，要关注对接全省“5+4”骨干机场总体布局，加快沿海地区民用运输机场建设，积极发展通用航空，构建以珠三角机场群为核

① 《广东省沿海经济带综合发展规划（2017—2030年）》，广东省人民政府门户网站2017年10月27日。

心，覆盖东西两翼的沿海民用机场发展格局，打造全球航空运输网络重要枢纽。

增强城市交通枢纽功能，是整合各种交通方式优势为现代化沿海经济带发展贡献力量的核心环节，是链接沿海经济带的关节。更好地发挥城市交通枢纽作用，要将更多精力放在提高机场、港口、铁路、公路等综合交通枢纽服务水平上，推进沿海经济带形成层次清晰、功能完善的枢纽城市布局。

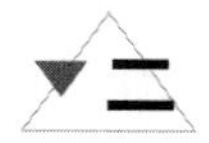

二　构筑协调联动的区域海洋经济合作圈

开展区域合作是发展海洋经济的基石，是建设海洋强国的助推器，也是推动广东省海洋强省建设的强劲引擎。广东省秉持海洋系统观念，坚持海洋经济一盘棋思想，践行合作共赢理念，在省内及周边省（区）开展多区域、宽领域、高技术的合作，共同探索广东省海洋强省建设先行先试的合作共进通路。

广东省委、省政府高度重视海洋经济区域合作，2010年12月，广东省与国家海洋局签署的《关于促进广东海洋经济强省建设的框架协议》提出在珠三角海洋经济区、粤东海洋经济区和粤西海洋经济区的基础上分别推动构建粤港澳、粤闽、粤桂琼三大海洋经济合作圈。自此以来，广东省持续与周边省（区）进行协同合作，在充分沟通、相互理解和支持的基础上，与广西、海南、福建等省（区）形成了一系列促进省际合作的发展规划、指导意见、合作机制等，为海洋经济合作圈建设打下了良好的制度基础。2017年，在《广东省沿海经济带综合发展规划（2017—2030年）》中，对于构筑粤港澳、粤闽和粤桂琼三大海洋经济合作圈进行了更为明确的区域规划、任务锚定、目标划定。

（一）粤港澳海洋经济合作圈

粤港澳海洋经济合作圈是以珠三角地区为核心，由环珠三角地区14个地级市及香港、澳门特别行政区共同组建的海洋经济合作圈。粤港澳海洋经济合作圈以珠三角沿海片区为支撑，以广州南沙、深圳前海蛇口、珠海横琴等区域为重要节点，高水平建设广东自贸试验区，携手港澳共同打造粤港澳大湾区世界级城市群；推动自贸区高端发展，强化国际贸易功能集成，深化金融领域开放，推进关键领域体制机制改革创新；深化与港澳紧密合作，共建开放型经济体系，打造全球科技产业创新中心；共建具有国际竞争力的现代产业体系，积极推进海洋运输、海洋金融服务、物流仓储、海工装备、邮轮游艇等方面的合作，打造国际性现代化的高端现代海洋产业基地；共建互联互通的基础设施网络，推进环保联防共治，打造优质生活圈和世界级旅游区。[①]

粤港澳经济合作历史悠久，合作领域广阔，20世纪开始的粤港澳民生物资保障流通合作，从改革开放初期“前店后厂”的市场主导的自发合作，到政府参与的制度性合作，再到共建区域合作平台的深度融合合作，具有深厚的合作基础。粤港澳三地政府均高度重视粤港澳海洋经济合作，出台了一系列文件推进粤港澳海洋经济加快融合发展。广东省为了落实《粤港澳大湾区发展规划纲要》专门编制了《粤港澳大湾区海洋经济发展专项规划》，凸显海洋经济在大湾区合作发展中的重要地位。2020年澳门特别行政区行政长官当年的《施政报告》强调把海洋作为大湾区高质量发展的战略要地，支持粤港澳合作，大力发展海洋经济。2023年香港特别行

① 《广东省沿海经济带综合发展规划（2017—2030年）》，广东省人民政府门户网站2017年10月27日。

政区行政长官的《施政报告》强调要加强大湾区协作，与大湾区其他城市加强合作，积极参与国家发展战略，发展海洋物流等重要产业。一系列海洋经济合作政策红利持续释放，叠加多项国家重大战略，多个粤港澳大湾区内国家先行示范区集聚，为粤港澳海洋经济合作圈融合发展提供了强力助推。

未来，粤港澳海洋经济合作圈将主要在两大方面集中发力。

第一，加强海洋领域硬件互联互通。沿海基础设施的互联互通是粤港澳海洋经济协调的硬件设施，有助于打破传统行政区划划分的软边界，推动海洋互联格局的构建。未来将重点推进海洋交通基础设施建设，以交通互联推动人才、技术、资本等要素的互通，为粤港澳地区提供更便利、更优质的公共交通产品服务。同时，加快先进通信技术的落地应用，构建覆盖大湾区的一体化海洋交流沟通体系，促进信息要素在粤港澳三地的协同联动，形成海洋经济合作的神经网络。

第二，共建现代化海洋产业体系。当代全球经济日益呈现出分工化、精细化、合作化的趋势，作为中国改革开放的先行地带，粤港澳地区要融入全球海洋经济体系，就必须顺应经济全球化进程的特点，集合三地力量，共建粤港澳现代海洋产业体系。在时空双维上为产业发展制订发展战略路线图及空间定位地图，构建起各城市之间利益相符、产业链相衔接的海洋产业合作体系，促进海洋产业在粤港澳大湾区范围内分工协作、协调发展。发挥核心城市引领作用，构建产业联盟，加快优势资源集聚整合。主动发挥“长板效应”，以传统优势产业为基础，在此基础上瞄准战略性新兴产业发力，促进科技加快转化为海洋经济生产力，形成更高端、更先进、更有活力的海洋经济产业链，构建富有大湾区特色的现代海洋经济合作体系。

（二）粤桂琼海洋经济合作圈

粤桂琼海洋经济合作圈是以粤西沿海经济带城市为基础，包括广东省、广西壮族自治区和海南省共同构建的海洋经济合作圈。粤桂琼海洋经济合作圈以湛江、茂名、阳江为依托，全面参与北部湾城市群、琼州海峡经济带发展建设，重点推进粤桂琼在培育高端装备制造产业集群、冶金石化产业集群、旅游产业集群、特色农海产品加工集群等领域的深度合作，充分发挥湛江港作为西南地区出海大通道的作用，增强北部湾地区的服务功能，共同打造粤桂琼滨海旅游“金三角”，建设国际休闲度假旅游目的地。[①]

2023年4月10日，习近平总书记在广东省调研考察，来到湛江市徐闻港，了解当地提高交通基础设施互联互通水平、推动广东海南相向发展等情况。[②]徐闻港位于我国大陆最南端，是连通广东省和海南省的重要交通枢纽。2021年3月，广东省发布《关于支持湛江加快建设省域副中心城市　打造现代化沿海经济带重要发展极的意见》，将“支持研究与海南在徐闻合作共建产业园区”列为“重点政策事项清单”的第一项。[③]此后，广东·海南（徐闻）特别合作区加快谋划建设，这一合作区以徐闻港为中心，向东西两侧延展，与海南省形成琼州海峡港口联合体，成为广东与海南相向而行的先行区。特别合作区发挥以徐闻港为核心的港口优势，依托“公铁空水”多式联运，成为海南自由贸易港连接我国大陆的门户节点，带来更多的人流、物流、资金流等要素聚集，极大促进粤桂琼海洋经济合

① 《广东省沿海经济带综合发展规划（2017—2030年）》，广东省人民政府门户网站2017年10月27日。

② 《坚定不移全面深化改革扩大高水平对外开放　在推进中国式现代化建设中走在前列》，《人民日报》2023年4月14日。

③ 《中共广东省委　广东省人民政府关于支持湛江加快建设省域副中心城市　打造现代化沿海经济带重要发展极的意见》，广东省人民政府门户网站2021年3月29日。

作圈发展。

未来，粤桂琼海洋经济合作圈发展将发力点放在以下几个方面。

第一，完善三省（区）协同发展机制，构建产业集群，共同开发资源。未来三省（区）要在互利共赢的理念基础上构建全面完善的合作规则、机制和运行程序，从促进海洋经济发展出发，加强三省（区）海洋经济政策对接，科学谋划，准确制订发展计划，统一执行计划，实现海洋经济发展一体化。三省（区）还应当在充分保障各自利益的前提下，制订符合共同利益的详细规划，充分调动各方资源要素活力，使各方优势呈现出放大效应。

第二，加强资源共享，协同补齐短板，增强发展特色。粤桂琼三省（区）海洋资源丰富，传统海洋资源优势明显，同时又孕育着发展潜力巨大的战略性新兴海洋产业资源。三省（区）应本着资源共享的理念，承担起“经略南海”的重要职责，充分利用区位优势，以国家开放战略为重大契机，建立立足南海、面向世界的先进海洋产业体系，切实增强海洋经济合作圈内的开发性、开放性。三省（区）要注意遵循海洋经济发展规律和自然资源开发保护规律，避免粗放发展和浪费资源，加强相互协调沟通，避免发展同质化现象，注重各自的特色化发展，注重发挥产业优势，形成集约化集群化发展格局，加强合作圈内海洋产业的竞争实力。

第三，三省（区）要在深入研究分析各自资源禀赋和综合承载能力的基础上，合理布局、梯次配置海洋产业结构，推动海洋产业持续健康发展。对于传统海洋产业，要积极探索新兴科技与传统优势海洋产业结合的高质量发展道路，提升传统产业竞争力。对于战略性新兴海洋产业，要加大力度持续培育，提升整体海洋产业核心竞争力。对于高端临海产业，要投入资源，加强关注，切实实现以海洋产业带动陆地产业发展、以陆地产业提升带动海洋产业优化的陆海联动新发展格局。

（三）粤闽海洋经济合作圈

粤闽海洋经济合作圈是以粤东沿海经济带城市为基础，包括广东省和福建省共同构建的海洋经济合作圈。粤闽海洋经济合作圈是以汕头、汕尾、潮州、揭阳为依托，主动对接珠三角地区、全面参与海峡西岸城市群发展建设，重点推进粤闽在海洋装备制造、海洋生物医药、现代海洋渔业、滨海旅游等领域的合作，共建海峡两岸经济区和“21世纪海上丝绸之路”支点。①

广东省和福建省地缘位置相近、人文背景相通，广东省的南澳岛、福建省的平潭岛等区域与台湾地区经济、文化、民俗联系紧密，合作历史悠久、合作基础扎实。粤闽两省所辖海域内海洋生物资源、海洋矿产资源、海洋旅游资源丰富且协同联动性强，共同开发协同发展前景广阔。粤闽两省以粤闽经济合作区、深汕特别合作区为重要桥头堡，以厦深高铁沿线为重要交通纽带，以“汕—厦”蓝色经济带、环福州城市群及深汕特别合作区为重要合作阵地，奋力实现粤闽两地海洋经济深度链接。

未来，粤闽海洋经济合作圈将会着重在几大领域发力。

第一，加强与台湾地区交流合作，在海洋现代贸易、海洋服务业、海洋生物科技产业等领域，以原创性、重点性产品为突破点，推动以现代海洋物流、海洋金融服务、海洋生物制药、海洋生化制品等项目为重点的建设、研发、生产、推介的全流程产业链构建。

第二，深度发掘海洋经济合作圈内自然和人文旅游资源，在加强与台湾地区合作的同时，强化培育具有独特吸引力的现代海洋旅游业。粤闽海洋经济合作圈内既有妈祖、闽南、潮汕、客家等人文旅游资源，又拥有海

① 《广东省沿海经济带综合发展规划（2017—2030年）》，广东省人民政府门户网站2017年10月27日。

岛、海滨、浅海、深海等自然旅游资源，在发展传统海洋旅游产业的基础上，将独特人文旅游资源与自然旅游资源有机结合起来，与台湾地区加强合作，构建起海峡两岸特色旅游品牌。

第三，瞄准现代海洋渔业，加强协同开发和资源规划，形成产业链上下游协同的现代海洋渔业产业链。粤闽两省面向东海、南海，海洋生物资源种类丰富、数量庞大，海洋承载潜力巨大。粤闽两省海洋渔业发展历史悠久、经验丰富，两省应共同规划渔业资源，探索两省各自发挥资源禀赋，推行科技型、生态型渔业捕捞和养殖方式，发展现代化渔业全体系和深加工上下游链条，形成集研发、生产、加工、销售、售后于一体的渔业共同体。

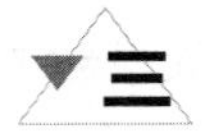

三　畅通国内国际双循环的陆海经济通道

经济发展，物流先行，现代物流如同经济肌体的循环系统，各条运输干线组成经济肌体的血管系统，物流服务连接着各个经济主体，为各个经济主体的物资、人员和信息流通提供必要的条件。广东省探索海洋强省建设，加快现代物流业建设，打通国内国际双循环的陆海经济通道是题中之义、应有之举，必须高度重视，抢占先机，充分挖掘潜力，构筑畅联互通。

2021年，广东省政府印发《广东省综合交通运输体系“十四五”发展规划》，用十一章擘画了未来广东省综合交通运输体系的发展蓝图。2022年，广东省政府印发《广东省港口布局规划（2021—2035年）》，清晰描绘了广东省海洋运输业和港口经济发展的走向和路线。2023年，广东省全面贯彻《交通强国建设纲要》《国家综合立体交通网规划纲要》，实施好广东省《关于贯彻落实〈交通强国建设纲要〉的实施意见》《广东省综合立体交通网规划纲要》及“十四五”各专项规划，加快建设交通强省，构筑国内外双循环的陆海经济通道。[①]广东省作为国家西部陆海新通道战略的沿海重要节点省份，未来将会把畅通陆海经济通道与海洋强省战略有机结合起来，形成陆海双向互动，内外协同联通的经济运行主动脉。

（一）强化区域港口群功能

港口群是在临近的特定地域上，以一个或多个大型港口为中心，在便利的交通基础上，区域内各港口之间以竞合关系为纽带，且各港口以投入产出关系为主带动区域经济发展而形成的盈利性和非盈利性组织的集合体。[②]港口群的概念是在港口经济发展过程中产生的，港口作为重要的物流节点和基础设施，其存在的根本目的在于促进与之相联系的一定范围内的陆上经济腹地的对外联系和发展。而港口群的形成和发展，则是为了在更大范围和更高层次上完成以上的目的。港口群经济的功能在于满足经济腹地的物流需求、提升港口群整体竞争力和维持单个港口的持续发展性。

2022年，广东省政府办公厅印发《广东省港口布局规划（2021—2035年）》，强调以广东交通强省建设为统领，在全国率先建成世界一流港口，构建以珠三角港口集群为核心，粤东、粤西港口集群为发展极的“一核两极”发展格局。[③]广东省内港口各具特色，在珠三角港口群中，既有外向型特大港——深圳港和内向型特大港——广州港，也有地方性港口——汕头港、珠海港、茂名港等。省内港口之间内部存在竞争，但是从更高层级上看，各港口之间存在着资源禀赋差异，这种差异就为差异化发

① 《广东省交通运输2023年度工作计划》，广东省交通运输厅网站2023年3月31日。

② 黄晓峰：《长江上游港口群发展研究》，《商》2012年第21期。

③ 《广东省港口布局规划（2021—2035年）》，广东省人民政府门户网站2022年6月23日。

展和综合性协调提供了条件。

江门港探索实现中转出口货物的大湾区“组合港”模式，创新打造大湾区通关物流平台，辐射湛江、广州、珠海、佛山、惠州、东莞、中山、肇庆8市。中山港、汕头港、湛江港等一批省内大型港口加强协同，探索出符合各自所属经济腹地发展要求的港口群特色政策，推动了全省港口群功能的发展和实现。

区域港口群发展需要久久为功，持续发力，方能打通联系脉络，攥指成拳，打出广东省港口群的金字招牌。考虑到港口群的整体布局，广东省需要进行全面、系统的整体规划，注重整体与局部的关系，避免同质化竞争，使各港口之间能够协同发展，优势互补。随着经济社会的发展，港口日渐成为一种稀缺的经济资源，面对激烈的国际竞争，要提高港口资源利用率，增强港口可持续发展性，就需要通过科学的顶层设计，根据港口群内不同港口的具体情况，统筹港口群内不同港口分工，实现资源的优化配置。广东省内港务局众多，打破各港务局之间的制度壁垒，提高合作效率，也是建设区域港口群的关键一环。省内各港务局应协调规划域内各港口，合理分配航线，畅通信息沟通渠道，建立协调磋商机制，在广东省的统一领导下，实现各港口有序分工、协同合作、避免同质、错位发展。

（二）建设海陆综合交通枢纽

交通要素是区域经济发展的基础性条件和重要支撑，而海洋经济和海岸经济是陆海相互作用形成的复合型经济，如何构建满足海洋经济和海岸经济带发展要求的交通要素集成系统，成为建设海洋强省道路上必须解决的难题。沿海交通运输网络在通过陆上交通方式发挥作用的同时，也可以通过海洋运输方式加强与周边临海地区和国家的经济往来。如何将陆海两种交通形态有机结合起来，发挥“1+1＞2”的效果，将会成为未来再造海上新广东的重要突破口。而在我国随着综合交通枢纽概念的提出，综合交通枢纽的建设和发展如火如荼，以综合交通枢纽为联动中心的枢纽经济正在成为我国经济在新形势下转型升级的全新动能和增长极，综合交通枢纽将成为引领区域发展一体化的核心引擎。建设海陆综合交通枢纽，为广东省实现海洋经济强省建设指明了一条现实可行的操作道路。

广东省在建设海陆综合交通枢纽的进程中持续发力，在沿海经济带各大中心城市分别布局建设综合交通枢纽场站，广州南沙、深圳前海、湛江、汕尾……在环珠三角地区和沿海经济带东翼、西翼，一座座航运综合交通枢纽拔地而起，全力助推海洋运输业及海洋经济整体跨越式发展。未来广东省计划在三大领域持续发力，打造世界级海陆空联运综合交通枢纽群。

第一，建设现代化沿海港口服务体系。优化全省港口资源，加快区域内港口整合，优化调整各港口发展方向和功能定位，打造两大世界级枢纽港区，形成优势互补、互惠共赢的港口、航运、物流设施和航运服务体系。重点推进广州港南沙港区、深圳港盐田港区、珠海港高栏港区、汕头港广澳港区、湛江港湛江湾港区等沿海主要港口重点港区大型化、专业化泊位建设，推进广东省沿海港口集约化、现代化发展。推进沿海港口在内地建设“无水港”，深化与泛珠三角地区的交通运输合作，提升对泛珠三角地区的服务支撑能力。

第二，构建互联互通、协调有序的航运集疏网。统筹港口、铁路、公路、内河港联动发展，重点抓好疏港铁路、疏港公路建设工作。以加强重要口岸与高速公路路网对接工作、推进“最后一公里”路网建设和增强口岸快速集疏能力为重点，优化口岸公路运输网络。加快疏港铁路建设进度，有序推进省内各大港口疏港铁路建设工作，加快各港口与铁路对接。开展冷链、汽车、化工等专业化物流服务，发展以港口为枢纽的信息化物流体系。

第三，提升港口航道、锚地等支撑保障能力。加强沿海港口的深水航道、公共锚地、防波堤等配套设施建设，加快广州港出海航道、深圳港铜鼓航道、湛江港出海航道、汕头港广澳港区航道等沿海航道建设，不断提升沿海港口公共基础设施服务能力。强化内河航道对沿海港口的支撑服务作用，继续完善珠三角高等级航道网，形成西江干线、北江干流至珠江口港口群的高等级航运主通道。

（三）推进空港出海通道建设

空港物流是指以现代物流为基础，以机场航空货运为依托，运用先进的信息技术，整合多种运输方式及相关资源，向社会提供现代物流服务的一种流通系统。目前，在全球范围内，空港物流呈现出蓬勃发展的态势，空港物流这一物流模式日益展现出其强大的辐射带动作用和有力牵引作用。随着近年来国际产业格局发生深刻变化，新产业新业态层出不穷，广东省在全球经济链条中的作用持续变化，产业地位逐渐升级，在国际分工中的核心性、时效性作用日益体现。这一新变化对广东省的物流产业提出了更高的要求。在此情境下，如何充分发挥各种物流方式的优点，推动各种物流形态相结合，发挥出多式联运的放大效应，成为摆在广东省物流产业面前的一个重要难题。在新形势下，广东省探索实现海空联运模式的多式联运，达成不同模式结合下的降本增效效果，取得了一系列丰硕成果。

近年来，“逆全球化”限制了全球经济一体化，世界产业链网从跨国合作向经济区域内部协作转变。这使得短距离、小批量、高频次的海上运输成为未来区域海上运输的主要发展方向。而小批量、高频次的发展方向，与航空运输方式的特点不谋而合，二者的结合，也变得自然而然。

作为全国首个直达机场空侧的跨境海空联运项目，直达空侧海空联运模式的“东莞—香港国际空港中心”业务，为优质莞货直达香港国际机场后发往全球提供便利渠道。这种模式帮助货物在东莞完成海关通关、安检等程序后，直接以海运方式运抵香港机场，加快了货物的流转速度，有效提高了粤港澳大湾区物流一体化水平。东莞空港中心项目自2023年4月18日正式投入运作以来，截至2023年8月14日共有进出口航次88个、进出口货物约251.58吨、货物价值约1.48亿元，已经初步呈现出这一模式的蓬勃生机。①

畅通国内国际双循环的陆海经济通道，必须在空港联运方面持续发力。未来，广东省将持续发掘空运海运相结合的多式联运的巨大潜力，积极打造衔接有序、协同联动的航运集散网络，加强重点港口与重点机场之间的“硬联系”，突破阻碍空港联运蓬勃发展的“软壁垒”，有效提高域内交通运行效率，切实提高空港物流对外输出能力，将空港联运的优势转化为带动广东省经济腾飞和海洋强省建设的强劲动力。

四　打造具有国际竞争力的现代海洋产业体系

海洋是实现高质量发展的重要战略阵地，是加快海洋强省建设的主战场，而现代海洋产业体系就是在这片战场上争夺前沿战略阵地的决定性武器。2023年6月，中共广东省委十三届三次全会召开。会议提出全面推进海洋强省建设，在打造海上新广东上取得新突破，构建科学高效的海洋经济发展格局，做大做强做优海洋牧场、海上能源、临港工业、海洋旅游等现代海洋产业，强化涉海基础设施、海洋科技、海洋生态等支撑保障，为

① 《空港中心：湾区制造出海新通道》，《南方日报》2023年8月18日。

广东改革发展注入源源不断的“蓝色动力”。[①]

近年来，广东省海洋经济发展取得了一系列突出成果，在主要海洋产业和主要海洋科技领域达到国内领先水平。大量涉海经济主体发展速度较快，数量快速增加，形成了一批在国内国际有竞争力的大型企业，组成了“粤字号”现代海洋产业企业舰队。各大新兴性、战略性海洋产业加快布局；大量战略性新兴技术和新产品研发取得重大突破，一系列创新型实用型产品投入现实应用。但广东省在构建现代海洋产业体系方面仍存在着一些亟待解决的问题。战略性新兴产业虽然发展较快，但总体规模仍较小，尚未形成规模效应；技术研发水平尚未满足产业发展要求，科技转化机制有待完善；政策扶持力度、资金支撑力度有待加大。

海洋经济是广东优化经济结构、实现高质量发展的重要抓手。向海图强，必须紧扣打造具有国际竞争力的现代海洋产业体系这一关键抓手，集中力量突破重点难点，构建起符合广东海洋强省需求的现代化海洋产业体系，奋力打造“海上产业新广东”。

（一）全面提升海洋创新能力

打造现代海洋产业体系，全面提升海洋综合创新能力是构建现代化海洋产业体系的基础性、关键性步骤。推动海洋高质量发展，离不开加快海洋科技创新步伐，培育壮大海洋战略性新兴产业。《广东海洋经济发展报告（2023）》显示，广东正加快构建全省“实验室+科普基地+协同创新中心+企业联盟”四位一体的自然资源科技协同创新体系。截至2022年底，省级以上涉海科技创新平台包括省实验室1个（含广州、珠海、湛江3家实体）、省重点实验室11个（含省企业重点实验室2个）、省级工程技术研

① 《中国共产党广东省第十三届委员会第三次全体会议决议》，《南方日报》2023年6月21日。

究中心41个、省海洋科技协同创新中心1个。截至2022年底，广东省在海洋渔业、海洋可再生能源、海洋油气及矿产、海洋药物等领域的专利公开数为 19375 项，部分研发成果获得一系列国家级、省级科技创新奖项。①一系列原创性、突破性、战略性科技创新成果的问世，不仅填补了国内外科技前沿领域的空白，同时也为广东省现代海洋产业体系的构建筑就了坚实的技术基础。

全面提升支撑广东省海洋强省建设的创新能力，充分调动一切积极因素为现代化海洋经济体系服务，需要集合全省之力，从以下几个重点路径持续发力。

第一，完善涉海科技人才发掘、吸引、留存、培育机制。习近平总书记在党的二十大报告中指出，“必须坚持科技是第一生产力、人才是第一资源、创新是第一动力”②。海洋人才和科技成果水平是影响广东省海洋科技体系和经济体系发展的重要因素。因此，省内各重要主体之间要形成合力，共同打破阻碍人才创新能力发挥的体制机制障碍，以高校为载体，形成政府主导、企业支持、社会参与的多元人才培养体制，探索协同育人的培养机制，促进优势教育资源交换流动和互惠互补。同时，对于战略性领域，要加快吸引、挖掘领域内领军人才，政府牵头形成发掘人才、吸引人才、留住人才、培育人才的外来人才留存机制，切实做好人才保障、配套机制，使海洋科技尖端人才引得来、留得住、用得上，成为现代海洋产业体系构建中不可或缺的重要组成部分。

第二，整合科研力量，激活科创企业，加快“产学研”科创成果转化机制作用的发挥。科研平台是海洋科技创新的核心阵地，科创企业是加速

① 《广东海洋经济发展报告（2023）》，广东省自然资源厅网站2023年7月26日。

② 习近平：《高举中国特色社会主义伟大旗帜 为全面建设社会主义现代化国家而团结奋斗——在中国共产党第二十次全国代表大会上的报告》，人民出版社2022年版，第33页。

成果产出和转化的重要反应皿。广东省应积极争取国家级、省级海洋科研机构的落地，建设一批具有前沿视野、实力强大、敢于攻坚克难的海洋科研机构和科研平台。同时，积极支持有志于投身海洋先进科技领域的科技型企业，为其扩展融资渠道，维护其合法权益，提供政策支持，充分激发涉海科创企业的活力和积极性。科技创新成果能否转化成经济效用，关键在于能否完成满足市场需求这“惊险的一跃”。为此，政府、高校、企业三方应当达成共识，形成合力，构建起政府牵头、高校研发、企业接收的“产学研”共同体，加快创新技术面向市场需求的步伐，促进成果转化成实际生产力和经济价值，从而反向推动技术迭代创新。

第三，加快转变政府职能，鼓励主体积极创新。科技创新的一大特点就是厚积薄发，即前期需要大量资金持续投入，后期进入成果产出期创新成果将集中产出。因此，前期的资金、政策支持就显得尤为重要。政府应当加快转变角色，在研发初期对前瞻性、具有重大意义的项目持续提供资金支持；同时充分利用行政手段，利用税收优惠等政策，对愿意促进海洋创新成果转化的企业进行扶持培育；也要严格落实对于海洋创新成果的专利保护及对企业的权益保障，加大力度保障科研人员福利，使各种主体能够全身心投入海洋科技创新和创新成果转化中，为广东省建设现代化海洋产业体系添砖加瓦。

（二）培育壮大海洋新兴产业

海洋新兴产业或海洋战略性新兴产业，是指以海洋高新科技发展为基础，以海洋高新科技成果产业化为核心内容，具有重大发展潜力和广阔市场需求，对相关海陆产业具有较大带动作用，可以有力增强国家海洋全面开发能力的海洋产业门类。根据国务院确定的七大战略性新兴产业，以及世界海洋科技发展趋势和我国海洋产业发展现状，海洋战略性新兴产业主要包括海洋新能源产业、海洋高端装备制造产业、海水综合利用产业、海洋生物产业、海洋环境产业和深海矿产产业六大海洋产业门类。[①]海洋战略性新兴产业的发展，关系着广东省经济增长方式的转变，关系着广东省海洋经济结构的转型，对于促进海洋强省建设，推进现代化海洋产业体系构建，促进能源结构绿色化升级，带动陆上经济发展转型，争取产业链国际话语权，在国际海洋竞争中占据优势地位具有突出作用。

2023年9月18日，国家海洋信息中心联合青岛市科学技术信息研究院与万链指数（青岛）信息科技有限公司在2023世界海洋科技大会开幕式上发布了《中国海洋新兴产业指数报告2022》。报告指出，广东省在海洋新兴产业领域的全国领跑地位不断提高，从省指数在全国的占比看，广东省的贡献率历年均在10%以上，是海洋新兴产业的中坚力量。[②]这些突出的成果，无不昭示着过去一段时间内，广东省在培育壮大海洋新兴产业的实践中，探索出了现实的成功路径，取得了初步的成效。在广东，丰富的海洋资源、广阔的市场正吸引各类海洋新兴产业落地扎根，为海洋经济高质量发展持续注入新动能，海洋新兴产业加速培育壮大，千亿级海洋产业集群蓄势待发。

发展海洋新兴产业时不我待，是“打造海上新广东”的关键一环。促进战略性新兴海洋产业集群的构建，需要从三条路径共同发力。

第一，关注关键核心技术突破，加快技术转变为新质生产力。着力提升深海钻井平台、深海资源开发平台等重大基础性高端海洋工程装备研发和投产能力，支持海洋再生能源、矿产资源钻探、海洋材料等关键核心技术研发。支持海洋生物研究、海洋制药、海洋生化产品等海洋生物资源衍

① 姜秉国、韩立民：《海洋战略性新兴产业的概念内涵与发展趋势分析》，《太平洋学报》2011年第5期。

② 《〈中国海洋新兴产业指数报告2022〉发布》，《中国自然资源报》2023年9月21日。

生技术的研发、推广与转化。支持海上信息技术、海上通信技术、海上智能化系统、海上大数据系统、海洋云计算技术的研究与转化。

第二，关注产业链筑牢建强补齐。加快开发海洋生物材料、功能性食品、保健品、化妆品等生物制品，推动其投产推广。加强海洋生物制药产业化，依托丰富的海洋生物资源，开发疫苗、活性制剂、原研药、创新药、基因药物等，并依托海洋医药资源，发展海洋医药服务业。拓展海洋装备制造上下游产业链，建设一批国际水准的装备设计、测试、研发、售后、维修机构，增加海洋装备制造产业链附加值。以重大需求为导向，推动无人控制、人工智能、云计算等先进技术与海洋技术的结合与应用，打造综合性海洋装备产业集群。

第三，加强产业集群组团发展。建设一批国内顶尖、国际一流的海洋新兴产业基地集群，依托产业基地扶持一批具有突破性的海洋新兴产业企业。支持广州、深圳搭建海洋制药技术集群；支持珠三角地区和沿海经济带发展海洋生物制品产业带；支持广州南沙、中山、珠海等地发展海洋工程装备基地；支持阳江、汕头建设海上风电装备基地集群；支持广州、深圳建设海洋大数据和云计算处理中心，为新兴海洋产业发展提供数字和算力支撑。

（三）优化提升传统海洋产业

广东省作为我国第一海洋大省，是传统临海省份，开发和利用海洋的历史悠久，传统海洋经济和传统海洋产业是广东经济的底色之一。广东省境内河网密布，沿海天然良港众多，发展内河航运和海洋航运的条件优良。广东省面向广阔而富饶的南海，渔场面积辽阔，水产种类丰富；广东省纬度低，常年炎热气温高，同时沿海平原面积广阔，优越的自然条件造就了面积广大的天然海盐晒盐场，海洋盐业发展较早且基础较好。经过几千年的发展，广东省传统海洋产业积累了丰厚的发展成果，积攒了丰富的宝贵经验，但同时也呈现出疲态。海洋渔业发展过程中面临着一系列困难。珠江口海域水质污染严重，近岸养殖发展受限；珠江口水产资源衰退，数量减少，渔获降低；远海捕捞、养殖能力有待提升，科技渔业能力亟须补齐。海洋交通运输业、海洋盐业、滨海旅游业等也呈现出发展受限的态势。

广东省关注传统海洋产业转型升级，加快传统海洋产业与现代科技融合发展，积极提升现代海洋产业应对环境变化和风险挑战的能力，奋力走出了一条传统海洋产业从优势走向优势的光明之路。在湛江市遂溪县流沙港海域，广东海威农业集团养殖的3万多条军曹鱼和鲵鱼在“海威1号”中茁壮生长。[①]作为湛江首个半潜桁架式渔业智能养殖平台和湛江网箱容量最大的深海网箱养殖平台，“海威1号”采用钢架结构，总量和规模大，设置有先进平衡系统、宽阔作业平台，抗台风能力达15级。一个个深海网箱、养殖平台，共同构成了广东省“粤海粮仓”的宏大版图。作为我国的渔业大省，广东省用好海洋资源禀赋，近年来水产品产量、产值、创汇屡创新高，新思维、新技术、新模式也不断涌现，推动传统海洋产业转型升级。目前广东省渔业培育了覆盖育苗、养殖、加工、流通、贸易的全产业链，并已形成水产苗种生产体系，广东省传统水产养殖业迎来了新机遇。

传统海洋产业是广东省海洋经济的基础部分，是广东经济的重要基石，把握好传统海洋产业升级方向，是决定广东省建设海洋强省、实现“再造一个新广东”的重大战略节点。为推动广东省传统海洋产业转型升级，由传统海洋产业升级为现代化传统海洋产业，广东省可以从三大方面持续发力。

① 《高水平高质量推动广东城乡区域协调发展》，《南方日报》2023年3月8日。

第一，持续关注传统海洋优势产业，以高关注度推进强针对性发展。对于海洋渔业，要坚持科技兴渔、生态兴渔、信息兴渔战略，将渔业发展领域由近海拓展到中近海和远海范围，开拓海洋渔业新领域。坚持生态学理念指导，贯彻可持续渔业发展战略，促进海洋渔业集约型发展。加快海洋盐业、船舶制造业、海洋矿产业科技赋能，推动传统海洋产业现代化转型，以龙头产业带动整体产业升级。

第二，加大海洋科技向传统海洋产业倾斜力度。着力促进海洋科技创新迅速推进，助力信息技术、云计算、大数据、物联网、5G、海洋通信、人工智能、量子计算、新材料、新能源等技术与传统海洋产业相结合，形成赋能效应。

第三，一业一策制定促进传统海洋产业升级的扶持政策。近年来，国内多个沿海省份为推动传统海洋产业转型升级，推出了一系列重大政策。广东省应紧跟步伐，走在前头，针对传统海洋产业中的不同行业，逐个定策，精准施策，持续落实，利用政策手段打破传统海洋产业转型升级中的瓶颈。

（四）加快发展现代海洋服务业

现代海洋服务业体系，是指运用现代科技为海洋经济活动提供服务的所有部门、行业及由此形成的各种经济关系的总和。从狭义上讲，它主要包括现代海洋运输业、海洋金融业、海洋旅游业、海洋环境保护治理、海洋科技管理服务、海洋电子信息服务、海洋行政管理服务、法律法规及会计咨询服务等主要行业。从广义上讲，它除了上述主要现代海洋产业行业外，还包括现代海洋科研教育、海洋公共管理服务、海洋上游产业、海洋下游产业等服务性行业与范围。[1]作为一个新提出的概念，我国当前现代海洋服务业的发展仍处于理论发展、初步探索、试验实践的阶段。广东省委、省政府高瞻远瞩，紧跟产业发展前沿态势，积极入局现代海洋服务业，为广东省传统海洋服务业升级转型谋篇布局，为现代海洋服务业的发展抢占先机，已经形成了一定规模的现代海洋服务业产业集群。

依托丰富的海洋自然旅游资源和历史悠久的文化资源，广东省先行先试，开辟出一条海洋自然观光与“海上丝绸之路”、海防、民俗文化、海洋文化旅游相结合的现代海洋旅游路线。主动融入现代海洋旅游路线，丰富海洋旅游业态，推动海洋旅游由观光向度假休闲转变，是广东众多沿海地区选择的发展路径。因海而兴，向海发展蓝色经济，“海洋+休闲渔业”“海洋+美食”“海洋+民宿”等“海洋+”业态不断提质升级并融合创新，成为广东海洋旅游的重要引擎。

作为海洋第三产业的决定性组成部分，现代海洋服务业能否发展好，事关广东省海洋经济未来发展路径能否选择正确，事关广东省海洋经济转型能否成功，事关广东省海洋强省战略能否实现。为推动广东省在全国乃至全球范围内抢占现代海洋服务业发展制高点，需要在四条路径上探索对于现代海洋服务业的支持与保障。

第一，创新产业政策，驱动现代海洋服务业增加有效供给。产业政策要立足于现代海洋服务业的增长要求，兼具前瞻性和战略性，能够切实推动海洋金融业、海洋信息技术服务产业等海洋生产性服务业的升级，以新兴海洋服务产业发展引领传统海洋产业转型。

第二，优化现代海洋服务业产业比重，调整内部结构，提高服务质量。在积极发展海洋旅游业、海洋文创产业的同时，提高高附加值的海洋

① 朱坚真、姚徽：《粤港澳大湾区现代海洋服务业结构优化研究》，《广东经济》2023年第6期。

生产性服务业比重，增强高端现代海洋服务业对于海洋产业转型升级的支持性作用。

第三，筑牢现代海洋服务业的发展要素基础。健全吸引、留存、利用人才、资本、知识、技术等先进生产要素的体制机制，为这些先进生产要素发挥作用创设有利的软硬件条件。

第四，健全行政管理体制，深化海洋治理体制机制改革。健全服务现代海洋服务业发展的经济数据支撑机制、海洋信息监测预报机制、涉海信息公开机制、海洋评估预警机制。加强省内各城市间跨部门、跨区域交流协作，避免同质化竞争。加快转变政府职能，探索多部门协同服务模式，简化现代海洋服务业企业办事流程，降低其营商成本。

第三章

海洋科技领先：打造国际海洋科技创新中心

CHAPTER3

习近平总书记强调："建设海洋强国，必须进一步关心海洋、认识海洋、经略海洋，加快海洋科技创新步伐。"[①]广东地处南海之滨，因海而生，更要因海而兴、因海而强。随着全球海洋科技的快速发展，广东积极响应海洋强国发展战略，从政策文件、要素资源、创新载体、数据收集等多个方面致力于打造国际海洋科技创新中心。新发展阶段，广东打造国际海洋科技创新中心，其发展优势在海洋，最大的潜力也在海洋。对此，广东要以科技创新为帆开辟"耕海"新航道，发挥科技对于海洋经济高质量发展的基础性、战略性支撑作用，深入实施"科技兴海"战略，发挥新型举国体制优势。其中关键一招在于加快构建全过程海洋创新生态链，从"基础研究+技术攻关+成果转化+科技金融+人才支撑"全链条发力，形成先行示范的海洋科技创新体系和发展模式，为打造国际海洋科技创新中心开辟新赛道、塑造新动能提供强劲支撑。

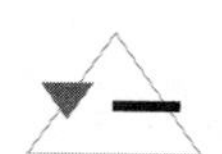

一　夯实海洋科技基础研究

基础研究决定一个国家科技创新的广度与深度，而"卡脖子"的根源就是基础研究薄弱。习近平总书记历来高度重视"强化基础研究前瞻性、战略性、系统性布局"[②]。广东建设海洋科技强省，首先涉及海洋本身的科学问题，这就必须有坚实的基础研究这一科技创新的根本源头作为

① 《习近平谈治国理政》第3卷，外文出版社2020年版，第243页。

② 习近平：《加强基础研究 实现高水平科技自立自强》，《求是》2023年第15期。

支撑。

（一）加大海洋基础研究资金投入

其一，坚持有为政府与有效市场并重，动员市场中多方创新主体参与其中，形成基础研究多元化资金投入格局。基础研究是整个科学体系的源头、科技事业的基石，无论是应用研究还是技术开发都离不开它的支持。但基础研究是一项长期工程，往往耗费时间长，成果形成慢，需要持续的资金保障。政府作为基础研究领域的第一大投资方，应为广东开展海洋基础研究工作提供长久稳定的资金支持，基础研究投入比例应维持在合理范围内。除政府投入的主渠道外，还应积极引入社会风险资金，多渠道增加资金投入。广东海洋科技引领型企业应主动发挥科技创新的主体地位，通过加大基础研究投入来提高自身生产力，通过聚焦海洋生物技术、生命健康、天然气水合物、深海矿产资源勘探开发等科技前沿，研制出更多的自主创新产品来提高全球市场竞争力和占有率，在企业自身成长的同时带来可观的经济效益。当然，一些非营利机构和民间基金会也是基础研究资金的重要来源之一，广东省应鼓励相关机构和基金组织积极参与到海洋基础研究资金筹措的工作中，建立以政府为主导，多元化、多渠道、高效益的海洋基础研究投入体系。

其二，部署海洋基础研究专项课题并设置专项基金。世界海洋强国将基础研究作为海洋科技创新的战略重点，不断加大投入力度以占领海洋领域科学前沿的制高点。放眼世界，纵观美国、英国、日本等海洋强国在海洋科技经费方面的投入远比中国多，中国海洋科技经费投入明显不足，尤其是在海洋科学的基础研究方面投入不够，导致经费投入对海洋科技创新发展的促进作用尚未充分发挥。[①]广东面向深海发展，深海开放和科技引领必须进一步补齐基础研究资金投入短板。要紧握打造粤港澳大湾区国际科技创新中心这一机遇，按照创新链体系部署与海洋基础研究密切相关的课题，建立海洋基础研究专项基金以增加基础研究投入。广东省科技创新委员会应对其作出整体谋划和指导，选择并提炼出一批能够促进广东海洋经济发展指数明显增加的重点项目，分阶段推进，并强化监督与评价。广东省委还应把海洋基础研究战略实施计划列入海洋科技和经济发展等计划当中，可围绕南海开发保护需求，聚焦海洋空间利用、生物制药等科技前沿，实施一批具有前瞻性、战略性的重大海洋科技项目，在若干重要领域跻身世界先进行列。如在海洋生物领域，广东可以针对海洋生物资源调查与开发的科技项目，探索其在医药、食品等领域的应用；在沿海地质领域，广东可以设置对海底资源勘探与开发的项目，探索其在能源、矿产等领域的应用。

（二）推进海洋科研基础设施建设

其一，合理有序布局海洋重大科技基础设施。加快推进海洋科研基础设施建设是开展基础研究工作的前提和基础。围绕广州南沙、深圳前海、珠海横琴等建设海洋科技合作重大平台，着力构建粤港澳海洋科技创新共同体。积极探索和制定资金、人才、技术、设备等创新要素在大湾区快速流动的政策措施，推动重要海洋科技基础设施、重要科研机构和创新平台在大湾区快速落地。[②]如推进天然气水合物钻采船（大洋钻探船）、海底

---

① 林昆勇：《中国海洋科技创新发展的历程、经验及建议》，《科技导报》2021年第20期。

② 李宁、吴玲玲、谢凡：《海洋经济推动粤港澳大湾区高质量发展对策研究》，《海洋经济》2022年第2期。

科学观测网南海子网、海上综合试验场等，打造重大科技基础设施群，争取省部合作共建国家深海科考中心，推动国家技术标准创新基地海洋领域子基地建设，依据海洋气候、生态系统特征及区域代表性，争取国家在广东省部分岛屿和岛礁等布局建设海洋生态系统国家野外科学观测研究站。在海洋科研机构集中区配套建设中试基地，推动科技成果集成化、工程化开发。更新海洋生物产业园中试基地的老化设施，统一建设实验室废物处理平台。

其二，打造海洋基础科研平台集中区。高水平创新载体既是科技创新体系的重要组成部分，也是组织和开展高水平学术交流、聚集和培养优秀科技人才、布置先进科研装备的重要基地。[①]广东要以粤港澳大湾区为依托，以海洋信息技术为核心，将各类海洋科技实验室集中布局，形成开放共享的海洋科技创新载体集群。在此基础上，抓住广东打造具有国际影响力的海洋科技创新中心和策源地的机会，加快涉海大科学装置落地广东。这些海洋基础科研载体要面向海洋科学前沿实施重大科技创新工程，开展战略性基础研究。持续深化天然气水合物、深远海科学、海洋生态等基础理论和科学研究，提升源头创新能力。组织实施科技兴海示范工程、重点领域研发计划，在海洋电子信息、海上风电、海工装备、海洋生物、海洋公共服务等领域，加强核心技术、关键共性技术和先导性技术研发攻关，加快产业化进程。支持广东海洋科技企业牵头承担海洋领域国家重点研发计划项目，提升企业技术创新能力。

（三）加快海洋产学研基地建设

其一，构建高水平多层次海洋实验室体系，打造海洋国家实验室“预

① 王苏生、陈搏等：《深圳科技创新之路》，中国社会科学出版社2018年版，第108页。

备队”。实验室是未来海洋基础研究的核心载体之一，致力于营造高效的创新体系与蓬勃的创新生态，打造高精尖技术支撑平台，推动创新要素高效配置的转化研究范式。在高质量发展的新征程上，要继续推动海洋领域国家重点实验室建设，对标青岛海洋科学与技术试点国家实验室，将南方海洋科学与工程广东省实验室、广东省海洋遥感重点实验室等科研平台做实做强，充分发挥自然资源部野外观测台等平台的作用，进行体制机制改革，注重海洋科技成果的转化与应用，切实推动科学技术向现实生产力的转变。随着以人工智能、大数据等为代表的第四次智能化科技革命的到来，智慧海洋成为海洋科技的核心内涵。[①]广东要聚焦新一代科技革命的前沿领域，在海洋科学领域新建国家重点实验室，继续推进热带海洋环境国家重点实验室建设，培育建设企业类国家重点实验室及省部共建国家重点实验室。充分发挥港澳海洋科技和产业优势，建设一批粤港澳联合实验室。

其二，以海洋科研选题立项为依托，加快建设海洋相关高等院校和科研院所。面向国际海洋科技与产业发展的前沿，依托“广州—深圳—香港—澳门”这一科技创新走廊，支持深圳加快建立深圳海洋大学和国家深海科学研究中心，支持广州加快建设深海科技创新中心，加强与香港科技大学港澳海洋研究中心等科研机构的合作。积极支持广东省高水平研究型大学如中山大学、华南理工大学、南方科技大学等高校成立海洋学院。积极筹建中国—东盟海洋科学与技术合作研究中心、监测预报中心、信息服务平台等，推动“政产学研用”协同创新。支持深圳组建国家深海科考中心，支持广州建设海洋科技创新中心、智能无人系统研究院，支持珠海建设深海高端智造科技园，形成一批海洋前沿科学交叉的研究平台和高水平

① 姜晓轶、潘德炉：《谈谈我国智慧海洋发展的建议》，《海洋信息》2018年第1期。

的研究机构。支持企业建设国家级技术中心和海洋经济众创空间。组建海洋知识产权和科技成果产权交易中心，加速海洋科技成果转化和产业化。此外，应加强体制机制创新，采取“政府支持、企业参与、市场运作”方式，在海洋科学各领域建设若干独立核算、自主经营、独立法人的新型研发机构。支持建设中国科学院南海生态环境工程创新研究院、广东智能无人系统研究院等一批前沿科学交叉研究和高水平海洋科研机构，支持工程（技术）研究中心和企业技术中心等海洋创新平台建设，提高广东在海洋科技领域的基础研究水平，从而提升其核心竞争力。

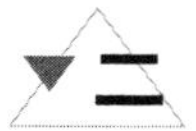

二 攻克海洋领域核心技术

技术攻关作为全过程创新生态链的第二环，是摆脱“卡脖子”难题，实现高水平科技自立自强的关键。攻克核心技术不仅为海洋科技创新提供支撑，还能够推动相关产业的转型升级，使科技成果真正转化为生产力，促进技术创新与经济发展的良性循环。习近平总书记对此强调：“建设海洋强国必须大力发展海洋高新技术，要依靠科技进步和创新，努力突破制约海洋经济发展和海洋生态保护的科技瓶颈……尤其要推进海洋经济转型过程中急需的核心技术和关键共性技术的研究开发。”[①]因此，广东打造国际海洋科技创新中心，只有打好关键核心技术攻坚战，努力突破制约海洋经济发展的科技瓶颈，才能保证海洋科技创新的持续发展和领先地位。

① 《进一步关心海洋认识海洋经略海洋推动海洋强国建设不断取得新成就》，《人民日报》2013年8月1日。

（一）明确海洋领域关键核心技术

其一，瞄准海洋科学前沿，明确海洋领域亟须攻克的核心技术。在未来一段时间，“中国海洋科技发展的重点是推动海洋科技向创新引领型转变，尤其是推进海洋经济转型过程中急需的核心技术和关键性技术的研究开发”。[①]对此，习近平总书记强调：“关键核心技术是要不来、买不来、讨不来的。只有把关键核心技术掌握在自己手中，才能从根本上保障国家经济安全、国防安全和其他安全。”[②]广东建设海洋科技创新强省，同样要首先明确海洋领域亟须攻关的关键核心技术。一是重点攻克我国“蓝色粮仓”战略中的海洋牧场技术。因为建设海洋牧场虽然蕴含了新技术、新装备、新业态、新模式，但向深、远海开发技术几乎是一片空白，亟须对现代海洋牧场建设机理创新和技术攻关进行系统性研究。二是着力攻克海洋生物繁育技术，服务国家“物种安全”战略。目前海洋中的大量物种灭绝、生物多样性“退化”现象严重，全球范围内的海洋物种保护工作缺乏系统性，保障海洋物种安全则成为广东在南海战略中承担的重要任务。三是集中力量攻克海洋勘探技术，服务国家“深海资源开发”战略。[③]党的二十大报告将“深海深地探测”列入十年成就系列，充分体现了深海探测的重要性，对此应继续加大在极地与深海资源环境前沿科技问题探索、探测技术和装备研发的攻关力度，逐步形成极地深海技术装备研发、集成、海试和应用能力，推动我国海洋科技自立自强。

其二，聚焦海洋科技发展的新需求新问题，开展多项核心技术攻关。

---

① 自然资源部海洋发展战略研究所课题组：《中国海洋发展报告（2021）》，海洋出版社2021年版，第106页。

② 《在中国科学院第十九次院士大会、中国工程院第十四次院士大会上的讲话》，《人民日报》2018年5月29日。

③ 陈搏：《深圳海洋科技发展现状与对策研究》，《特区实践与理论》2022年第1期。

习近平总书记在党的二十大报告中提出："完善科技创新体系。坚持创新在我国现代化建设全局中的核心地位。……加快实施创新驱动发展战略。……加快实现高水平科技自立自强。"[①]广东要建设海洋强省就必须在科技领域坚决打赢关键核心技术攻坚战。海洋领域核心技术攻关除上述海洋牧场技术、海洋生物繁育技术、深海勘探技术外，还应聚焦：深海资源开发技术，即开发深海矿产资源、生物资源和微生物资源的勘探、提取和利用技术，实现深海资源的可持续开发；海洋能源技术，即开发利用潮汐能、海流能、波浪能和热能等海洋能源，实现可持续能源的开发和利用；深海探测技术，即针对深海环境的高压、低温、高盐度等特点，开发适应深海任务的传感器、机器人和设备；海洋工程技术，即设计和建造海上平台、海底管道、海洋结构物等，以支持海洋石油、风电、港口和海洋交通等领域的发展；海洋环境监测技术，即开发用于监测海洋水质、海洋生态系统和气候变化等的传感器、遥感技术和模型，以保护海洋环境和生态系统；海洋信息技术，即海洋数据采集、处理、管理和应用的技术，以支持海洋科学研究、海洋预报和海洋管理等工作。

（二）有为政府与有效市场更好结合

其一，有为政府是关键核心技术攻关的坚实保障。加快推动有为政府和有效市场更好结合，是形成关键核心技术攻关强大合力的重要方式。[②]有为政府充分落实工作责任，主动作为，是健全关键核心技术攻关新型举国体制的根基。习近平总书记强调："越是形势复杂、任务艰巨，越要坚持党的全面领导和党中央集中统一领导，越要把党中央关于贯彻新发展

① 习近平：《高举中国特色社会主义伟大旗帜　为全面建设社会主义现代化国家而团结奋斗——在中国共产党第二十次全国代表大会上的报告》，人民出版社2022年版，第35页。
② 《坚持"双轮驱动"高效配置科技力量和创新资源》，《光明日报》2022年9月15日。

理念的要求落实到工作中去。”[①]在体制改革层面，有为政府应探索实行“揭榜挂帅”制度，把广东地区所需要的海洋领域重点技术张出榜来，加快激发海洋领域重大创新主体的创新积极性，实现关键核心技术的突破创新。继续实施“海洋高端装备制造及资源保护与利用”重点研发计划，提高核心技术装备国产化率。在平台搭建层面，广东省政府应加大对海洋科技创新平台建设的投入，构建开放、共享的创新环境。应搭建和完善各类一流创新平台，包括科技创新中心、创新园区、技术转移中心等，提供优质的研发设施和服务，吸引更多的创新机构和企业落户。同时，鼓励各创新平台之间加强合作，促进资源共享与合作创新，提升整体的创新能力。在企业扶持层面，政府应强化企业科技创新主体地位，加大对海洋科技企业创新的扶持力度，提供优惠政策和资金支持，鼓励企业加大研发投入，优化研发环境，提升技术创新能力，推动海洋产业链高质量发展。

其二，有效市场是关键核心技术攻关的重要抓手。市场需求将成为海洋科技企业攻关的重要动力，同时市场机制也会推动海洋科技创新成果的转化和应用。广东属经济发达省份之一，市场活跃，应积极引导有效市场在推动海洋关键核心技术攻关中扮演重要角色。一是坚持发挥市场机制作用，满足市场驱动需求。政府和企业可以通过市场调研和需求分析，确定广东海洋关键核心技术的市场需求，围绕国家战略需求、市场驱动需求、海洋科技产业等重点领域及重大任务，明确海洋领域关键核心技术的主攻方向、重点环节和突破口，满足市场对高水平、高品质产品和服务的需求。二是灵活运用市场机制，优化配置创新资源。“市场决定资源配置是市场经济的一般规律，市场经济本质上就是市场决定资源配置的

① 习近平：《全党必须完整、准确、全面贯彻新发展理念》，《求是》2022年第16期。

经济。”[①]充分发挥市场在各类创新要素分配中的导向作用，按照市场规则、价格和竞争机制实现效益的最大化，促进海洋技术要素市场的健康发展。三是通过市场调节作用，激励海洋领域创新创业，引导广东海洋科技企业加大研发投入，吸引更多优秀人才参与海洋关键核心技术的攻关，促进技术创新和产业升级。推动海洋关键核心技术攻关成果的转化和应用，促进技术成果向产品和服务转化，实现经济效益和社会效益的统一。

（三）产学研深度融合协同攻关

其一，发挥国家战略科技力量作用，促进产学研深度融合。实现关键核心技术自主可控需要产学研深度融合、协同攻关，即充分发挥国家战略科技力量的作用。一是南方海洋科学与工程广东省实验室等应瞄准海洋科学前沿，加大对海洋科学基础研究的投入，解决海洋领域的重大科学问题，不断突破核心技术壁垒，形成海洋资源开发的新技术体系。[②]二是广东拥有多所高水平大学和广东省科学院等多所科研院所，能够依托自有资源高校院所积极延伸科技成果转化链，加快提升科技成果内转能力[③]，同时为海洋科技创新积累丰富的科学研究成果。要鼓励和支持跨学科、跨领域的研究合作，促进知识交流和技术创新，坚持以基础研究引领为主，以优势学科（群）建设为重点，为突破海洋领域关键共性技术问题提供先进理论知识和实践理念。三是充分发挥广东海洋科技企业在人才聚集、资源配置、平台建设等方面的优势，调动它们攻克关键共性技术难题的积极

① 蔡珏、董晓辉：《努力把关键核心技术掌握在自己手中》，《红旗文稿》2023年第10期。

② 朱锋：《海洋强国的历史镜鉴及中国的现实选择》，《人民论坛·学术前沿》2022年第17期。

③ 郑山水：《广东省高校科技创新效率提高途径研究——基于区域高校科技创新效率比较》，《广东科技》2017年第8期。

性。积极引导市场导向型企业与广东所在的重要实验室、高水平研究型大学、科研院所等机构进行产学研用合作，整合海洋科技优势企业和院校力量，共同攻关核心技术，推进“卡脖子”领域和关键核心技术研发攻关，推动科技成果的转化和应用，将研究成果更好地转化为实际生产力。

其二，搭建产学研融通平台，推动平台高效运转。搭建产学研融通平台能够集聚整合各类创新要素和互补性资源，在一定程度上克服关键共性技术攻关活动中“组织失灵”和“市场失灵”的问题，降低技术攻关过程的高风险和不确定性，更好地开展贯通创新全链条、制定国际领先标准、研制重大关键装备等重要攻关活动。[①]一是根据广东海洋领域产学研融合发展的实际情况和需求，确定合适的平台组织形式。可以考虑成立海洋科技创新联盟、海洋产学研合作基地、联合实验室等形式，以便于各方资源的整合和协同工作。二是明确平台的合作规则和机制，包括知识产权保护、利益分享、项目管理等方面的内容。建立公平、透明、可持续的合作机制，以确保各方的合作效果和长期发展。三是以创新链和组织优势为核心，建立平台成员模块化分工机制。比如，高水平研究型大学主要负责战略性基础研究工作，海洋类国家实验室和科研机构主要负责关键核心技术攻关，科技领军型企业和中小型海洋科技企业主要负责成果产业化和市场创新等工作。在此基础上，建立一种新型有序的协作模式，降低交流与协调成本，加快科技研发进程，加速平台知识整合和知识创造，力争取得突破性创新成果。

① 施锦诚、朱凌：《产学研协同推动关键共性技术攻关》，《中国社会科学报》2023年2月23日。

三 加快海洋科技成果转化

成果产业化作为全过程创新链的中间环节，也是实现科技与经济紧密结合的关键环节，是创新的“最后一公里”。一些西方国家正是通过积极推进海洋科技向现实生产力的经济转化以维持自身世界海洋强国的地位。因此，广东打造国际科技创新中心只有畅通科技成果转化这一链环，发挥科技成果产业化对全过程创新生态链的强力拉动，才能让海洋科技真正成为海洋经济高质量发展的“金钥匙”。

（一）打造海洋科技产业集群

其一，大力引进和培育海洋科技企业。企业作为科技成果转化的直接承接者，是科技成果转化的终端，也是最为关键的一环，因此广东顺利推进海洋科技成果转化的首要任务即打造海洋科技产业集群。广东省须加大政策支持力度，出台一系列鼓励广东海洋科技产业发展的优惠政策，如减免企业税收、增加海洋产业园区建设补贴等，强化招商工作统筹，创新招商思路方法，举办更具针对性的招商引资活动，积极引进具有较高发展潜力的“专精特新”海洋科技企业。鼓励和支持创新型海洋企业的发展，加快培育和壮大海洋战略新兴产业。完善上下游配套服务企业布局，构建创新链、产业链、价值链深度融合的现代海洋装备产业体系，加快打造千亿级海洋装备产业集群。培育多层次创新型涉海企业，强化涉海企业在海洋科技创新尤其是海洋科技成果转化中的主体地位，支持大中小涉海企业和各类主体融通创新，促进创新链和产业链的精准衔接，加快构建以企业为主体、以市场为导向、产学研深度融合的广东特色海洋科技创新体系。推进“科产”双向融合，在广东经济和科技发达城市建造一批海洋科技企业孵化基地。

其二，引导创新要素向企业集聚，提升企业的转化承接能力。科技成果转化本质上是科技供给与市场需求对接的过程，是转化为新质生产力的关键，是科技成果与产业需求对接的“关口”。在党的二十大报告中，习近平总书记指出：“加强企业主导的产学研深度融合，强化目标导向，提高科技成果转化和产业化水平。”[①]但当前广东省海洋科技相关企业大多处于产业中低端，科技成果转化所需的配套研发能力与实施能力不足，企业创新投入不高、科技成果转化率偏低。提高科技成果转化和产业化水平，必须破解此种困境，进一步推动平台、项目、人才等创新要素向企业集聚，扶持和激励海洋科技企业包括中小企业加大研发投入力度，创建重点实验室、研发中心、企业技术中心等创新平台，提升科技成果转化承接能力。发挥企业了解市场需求的优势，让海洋科技企业成为海洋科研活动的出题者和产学研融合活动的组织协调者。引导高校、科研院所以及技术创新中心、产业创新中心、工程研究中心、新型研发机构等海洋科技研发平台，面向企业与市场开展“订单式”研发。推动企业需求类重大科研项目攻坚，真正从源头上提高科技成果供给质量。

（二）市场驱动创新成果转化

其一，依据市场现实需求，打通“产学研用”全过程创新链条。重点推进科技服务平台建设和重大科技研发工程项目落地，优化海洋科技应用综合环境，加速转化示范，形成海洋科技成果转化中心和示范平台。[②]

① 习近平：《高举中国特色社会主义伟大旗帜 为全面建设社会主义现代化国家而团结奋斗——在中国共产党第二十次全国代表大会上的报告》，人民出版社2022年版，第35—36页。

② 崔翀、古海波、宋聚生等：《“全球海洋中心城市”的内涵、目标和发展策略研究——以深圳为例》，《城市发展研究》2022年第1期。

广东省应支持涉海院校和高新技术企业联合推进海洋科技成果孵化和交易活动，加强涉海科教和产业资源的整合融合。构建涉海产学研用一体化发展模式，支持举办涉海产学研对接活动，构建海洋科技中介服务体系。鼓励涉海民营企业发展，重点发展民营海洋科技服务业和面向中小企业的科技服务体系。建立海洋科技信息服务中心，打造海洋科技资源成果发布系统，推动资源集成共享。当然，在此过程中要注重知识产权保护，因为知识产权是加速技术转移和应用的前提，对于科技创新成果产业化的推进具有重要作用。对此，广东省应该加强知识产权保护法律法规的制定和执行，解决侵权盗版等问题。建立完善的知识产权管理体系，规范技术转移合作，保障各方的合法权益。

其二，依据市场创新驱动，建立“市场—孵化器—中介”三位一体的成果转移机制。首先，要加强科技成果与市场需求之间的联系，提高科技成果转化效率， 实现广东海洋科技成果产业化的顺利推进，提高其对经济增长的贡献率。其次，要鼓励海洋科技企业与广东所在的科研机构、高等院校等开展合作，共同建设海洋科技孵化器、新兴产业孵化基地、成果转化基地等，逐渐健全海洋科技推广体系。再次，加速推动科技中介机构的专业化发展。提高科技创业咨询服务机构、技术产业交易中心等机构的社会化和专业化水平；鼓励企业、社会组织和个人成立海洋科技中介，并支持其跨行政区设立分支机构；加强与国内外知名海洋中介机构的交流合作，尽快实现与东盟国家以及其他地区的国际服务标准接轨。此外，高标准建设广东海洋科学与技术合作创新平台。依托广州南沙、深圳前海、珠海横琴等海洋科技高地，利用市场化机制，持续激发粤港澳在海洋基础上的强大创新动力，与海洋先进制造业应用相结合，形成高效协作的海洋科技创新生态网络。技术转移和成果转化必须具有市场导向性，这可以促进技术的快速落地。政府应该加强市场调研和需求分析，加大对中小企业和创新型企业的支持力度，鼓励这些企业积极开展技术转移和应用，提升技术落地的能力。

（三）创新链产业链精准对接

其一，以海洋产业创新能力提升为主线，深化海洋科技和海洋产业对接融合，在关键领域实现重大原创性突破。对此，广东须推动海洋科技产业链上中下游、大中小微型海洋科技企业协同创新，推动产业链重构和价值链升级是必要之举。支持有实力的海洋科技龙头企业牵头组建科研团队，申请国家海洋科技创新重大项目。培育一批具有突出技术能力和集成创新能力的领军型涉海企业和民营企业，支持它们申请和承担国家级、省级、市级重点海洋科技攻关项目。对于中小型民营涉海企业，在政策和服务方面予以优先扶持，使其在细分行业中形成“专精特新”优势，与海洋科技创新需求精准对接。发挥企业家在科技攻关方向、技术路线确定、发展模式创新、商业模式创新中的引领作用，鼓励企业家积极探索和开展创新活动。

其二，聚焦产业前沿发展方向，服务国家海洋发展战略。聚焦提升广东海洋科技自主创新能力，在海洋生物医药、电子信息、海洋装备等领域的“卡脖子”问题上，通过重大项目联合攻关，实现海洋领域的基础和应用创新，以实质性融合带动战略性海洋产业的前沿布局，着力突破一些西方国家在海洋高科技领域的“绿色壁垒”与“高端封锁”[①]。可聚焦海洋生物医药、海工高端装备、海上风电、海洋新材料等产业，积极引进和培育具有高技术含量、自主知识产权和国际竞争力的创新型涉海龙头企业和领军企业。做实转化和产业化平台，完善转化承接保障。推动完善科技成

① 杨黎静、谢健：《面向海洋强国建设的粤港澳大湾区海洋合作：演进与创新》，《经济纵横》2023年第5期。

果转化保障，在现有转化支撑平台基础上，对于重大科技成果转化和产业化项目，创新支持举措，在政策允许的范围内为项目用地、用能、开工审批等开辟快速通道，真正使科技成果转化和产业化落到实处。

四 支持海洋科技金融创新

科技金融作为全过程创新链不可或缺的“点火器”和“助推器”，是驱动全过程创新生态链的重要引擎。海洋领域基础研究和关键核心技术攻关通常具有周期长、投入高、风险大等特点，需要为之提供稳定的资金资助、完善的风险管理和保险服务等方面的支持。对此，广东发展海洋科技需要实现“资本”与“技术”的有效衔接，构建与之相适应的科技金融支持系统，促进海洋科学技术的顺利研发和成果转化，以推动海洋科技创新的长远发展。

（一）扩大海洋科技金融供给规模

其一，加强政策协调配合。金融是科技成果转化的血液与催化剂，提高科技成果转化和产业化水平必须加大金融供给力度。首先，广东应紧抓“建设海洋强国”这一战略任务，充分利用其独特的地理区位与高水平开放的政策优势，为海洋科技创新拓宽政府政策性金融支持渠道。如争取亚洲基础设施投资银行、国家开发银行、广东省财政厅等的政策性资金。制订利于海洋科技发展的专项金融支持方案，如提供专项税收优惠政策，降低涉海科技引领型企业的税收幅度，为其发展海洋科技拓宽资本空间。其次，要统筹整合广东在海洋科技、产业、金融等方面的有效政策，实现“多规合一”，充分利用广东省政府财政资金、金融市场融资与民间聚集资金，扩大海洋科技金融供给规模。此外，还可鼓励构建“互联网+金融”模式，为海洋科技发展搭建“互联网科技融资平台”，从而为资金需求方和供给方提供高效率对接方式。当然，政府还需要为海洋科技发展优化投融资环境，为投资者和创新型海洋企业提供更加便捷的融资渠道。政府可以鼓励并引导商业银行、股权投资基金等金融机构开展风险投资，增加创新型企业的融资渠道。同时，加强信用评级机构的建设，提高创新型企业的信用等级，降低融资成本，提高融资效率。

其二，做好海洋科技重点项目的金融支持。一是广州、深圳、珠海、汕头、湛江等广东沿海城市应适时为海洋科技创新重大项目制订系统的融资计划，引导政府投资平台、各类金融服务机构、国家相关产业投资基金、社会风险投资基金等对重点海洋科技项目进行资助。二是以广东自由贸易区为依托，进行海洋金融创新。深圳以打造国际金融创新中心为发展定位，首先应打造更加开放完备的金融生态体系和丰富的金融场景，进一步拓宽海洋科技项目的金融支持渠道。此外，还可深化对中国特色自由贸易港在金融和税收优惠政策领域的学习交流，在建立涉海金融机构体系和发展海洋特色金融业务等方面进行一些探索。三是推动建立专门的海洋科技金融机构。在国家金融相关部门的大力支持下，广东应积极探索建立国际化海洋金融组织，加强与港澳地区的金融合作，引进国际金融组织，提升其在金融贸易中的资源配置能力。此外，积极推动已建立的海洋金融机构在组织结构、业务能力和产品设计等方面进行创新，使其更加健全。

（二）鼓励海洋科技金融模式创新

其一，设立海洋科技创新专项基金。广东省应该设立针对海洋科技创新领域的专项基金，通过专项资金的引导和支持，加快科技创新转化和产业化进程。例如，可以为海洋领域关键技术研究、海洋新材料开发、海洋新能源开发等重点领域项目提供专项基金资助，加速海洋科技成果的推广和应用。为了吸引更多社会资本参与，广东省政府还可以采取多样化的投资方式，如公开招标、竞争性谈判等方式，引入具有海洋科技创新经验的资本机构或企业参与科技创新基金的运作和管理。要充分发挥广东省科技创业投资和成果转化引导基金、省天使投资引导基金等的杠杆作用，聚焦“投新、投早、投小”，放宽申报条件和标准，引导更多民间资金投向初创型海洋科技企业。值得明确的是，海洋科技创新尤其是战略性海洋新兴产业具有市场前景广阔、资源消耗低、就业带动大等特点，但是也存在资本投入大、投资回报期长等问题，单纯依靠政府财政支持难以满足资金需求。因此，还可借鉴国内外新兴产业基金的运作模式与发展经验，建立海洋新兴产业基金。启动资金由政府财政投入，通过产业投资基金、信托基金、风险投资基金等不同形式吸引金融和社会资本进入海洋科技创新领域，有效发挥财政杠杆作用，推动海洋战略性新兴产业发展，并兼顾海洋传统产业转型升级。还需要建立海洋科技创新项目专项资助信息发布平台，提高融资透明度，让更多的社会资本了解海洋科技创新项目的状况、风险等具体情况，增强投资者的信心。

其二，构建海洋产融紧密结合新模式。利用现代化海洋金融工具，即包括投资银行、证券公司、基金公司等在内的金融单位，构建一套能够支撑海洋科技发展的现代化金融体系。“引金入粤”，推动引进金融机构总部以及分支机构，培育科技金融产业集群，健全广东地方科技金融体系，打造由单向金融服务逐步演变为“以产业为根本，金融为手段，共赢为结果”的产融生态圈模式。这就需要逐步构建“科技+金融+产业”三位一体的生态系统，即生态系统的核心圈层由大中小型海洋科技企业和金融服务企业协同发展构成，辅助圈层则由海洋科技企业的互补型企业和配套型企业构成，支撑圈层则由从事海洋基础科学研究和提供政策咨询服务的知识产权质押融资和会计审计等中介服务机构构成。通过做好统筹部署和顶层设计工作，厘清产融创新生态圈的特定需求，制定支持广东海洋科技金融发展的相关政策与实施举措，以发挥各圈层的协同效应，进一步强化政策执行力与措施实施效果。此外，还可开发具有海洋特色的金融产品和服务，如通过银团贷款、产业基金、金融租赁、蓝色债券等方式拓宽涉海科技型企业融资渠道，创新涉海企业抵质押品形式等。着力推动海洋科技、产业、金融融合发展，科技创新与金融创新互联互通，形成支持广东海洋科技创新的金融与技术创新系统。

（三）构建海洋科技金融服务体系

其一，成立广东海洋科技金融服务平台。欧美、日韩等发达国家的成功经验表明，实现资金与技术的密切结合是助推新兴产业加速发展的关键。[①]一方面，深入推进将粤港澳大湾区打造成为“具有全球影响力的国际科技创新中心”这一重大战略部署。粤港澳大湾区是我国开放程度最高、经济活力最强的区域之一，香港更是全球金融中心及最大的离岸人民币中心，具有成熟的资本市场和开放的制度环境。广东应借助大湾区金融特殊优势，率先发起建立跨区域蓝色金融服务联盟，打造大湾区海洋科技金融服务平台，深化区域蓝色金融合作机制。加强与海南自贸港的金融合作，将蓝色金融作为粤港澳大湾区与海南自贸港金融合作交流的重要议题，建立常态化沟通机制，加强信息共享与沟通协作；完善发展海洋经济的金融立法机制，增强国内外金融机构在广东地区投资的信心；推动海洋金融标准制定，创新海洋科技金融产品，完善海洋科技金融基础设施建设。另一方面，要积极建立多层次的海洋新兴产业金融服务体系，即加快

① 刘洪昌、张华：《战略性海洋新兴产业突破性技术创新路径及对策研究》，《当代经济》2018年第12期。

建立以政府为主导、以企业为主体、社会各类风险投资共同参与的高层次科技金融服务体系。因此，广东应从摆脱过度依赖低廉的劳动力、原材料等要素出发，构建新的科技金融服务平台，推动资本与技术高效融合。资本驱动战略性海洋新兴产业的发展壮大，努力在制约战略性海洋新兴产业发展的关键核心技术难题上寻求突破。

其二，构建全周期海洋科技金融服务体系。一方面，广东应围绕打造国际海洋科技创新中心的发展目标，促进科技、产业、金融良性循环，构建“基础研究+技术攻关+成果转化+产业应用”全生命周期的科技金融服务体系，满足海洋科技创新企业在不同发展阶段的资金需求。针对科技企业“轻资产、无抵押”的特征，构建以专利权、商标权、股权和应收账款为抵押权的新型抵押贷款，将海洋科技创新企业的无形资产转化为金融信用；针对科技企业创新能力评价，进行差别化征信支持；针对重大科技创新项目，鼓励政策性、开发性金融机构先行先试，发挥示范引领作用。另一方面，广东应为科技创新类产品发展担保和保险业务，通过持续创新信贷风险补偿金池、专利保险、投贷联动、知识产权质押融资等科技金融业务模式，打造覆盖创新型海洋科技企业全生命周期的科技金融服务体系。分散和化解海洋高新技术产品在研发、成果转化及企业创业等阶段的金融风险，为中小微海洋科技企业创造更多对接资本市场的机会，促进海洋科技企业上市融资发展。

五　构筑海洋科技人才高地

人才支撑作为全过程创新生态链的最后一环，与创新链、产业链深度融合，并为各个链环提供智力支持。“我国要实现高水平科技自立自强，归根结底要靠高水平创新人才。”[①]党的二十大报告指出，“教育、科技、人才是全面建设社会主义现代化国家的基础性、战略性支撑。必须坚持科技是第一生产力、人才是第一资源、创新是第一动力”[②]。从逻辑关系上看，教育、科技、人才三者环环相扣，密不可分。高质量教育是打造高素质人才队伍的前提和基础；高素质人才队伍是推动科技发展的关键，是实现高水平科技自立自强的重要保障。因此，广东打造国际海洋科技创新中心的重中之重即打造海洋科技人才队伍。

（一）加大海洋科技人才引进力度

其一，明确海洋科技人才分类及认定标准，吸引海洋科技人才加速集聚。海洋科技人才一般包含海洋工程师、海洋地质学家、海洋生物学家、海洋气象学家、海洋化学家、海洋资源工程师、海洋环境工程师、海洋数据分析师等。广东应在明确海洋科技人才分类的基础上积极引进海洋科技人才，实施海洋人才发展计划，制订海洋“高精尖缺”人才引进目录。首先，相关部门可以组织海洋领域的专家、学者和业内人士共同制订海洋科技人才分类认定的技术规范和标准，明确各个岗位和职业的专业要求、技能要求和素质要求，明确海洋科技人才认定标准。其次，海洋科技人才认定应综合考察个人的学历背景、工作经验、专业知识、研究成果等方面的情况。可以采用综合评估的方式，包括面试、论文评审、实践能力测试等环节，全面客观地评估海洋科技人才的专业水平和能力。设立专门的海洋人才认定评审机构，负责组织、协调和实施认定工作。评审机构应具备较高的专业水平和公正性，由相关行业协会、科研机构、高校等单位共同组

① 习近平：《论科技自立自强》，中央文献出版社2023年版，第12页。

② 习近平：《高举中国特色社会主义伟大旗帜 为全面建设社会主义现代化国家而团结奋斗——在中国共产党第二十次全国代表大会上的报告》，人民出版社2022年版，第33页。

成，确保评审过程的公正性和权威性。最后，应定期对海洋科技人才认定标准进行复评和更新，以适应行业发展的要求。对已获得认定的人才，可以设立复评制度，鼓励其继续提高专业水平和参与学术交流，保持与行业前沿的接轨。

其二，着力引进海洋科技高端人才。首先，广东应面向全球精准实施"靶向引才"工程，按照"领军人才+产业项目+涉海企业"模式，积极组建海内外海洋领军人才团队，加快引进和培养海洋技术方面帅才型领军人才。放宽外籍高层次海洋人才来粤工作条件限制，创新人才引进服务机制。其次，人才的成长离不开其所处的环境，而政策环境是其中一个重要的组成部分，好的人才政策环境意味着科技人才能够获取更多的资源，从而加速人才引进。[①]广东省应关注科技人才生活和成长等方面的需求，出台有效支持海洋科技人才引进政策，如资金和项目支持、职称评定、税收优惠、住房补贴等，吸引海内外优秀人才到海洋科技创新领域工作和创业。加强国际交流与合作，鼓励海洋科技创新机构与国际知名科研机构建立合作关系，开展人才交流与合作项目，引进国际先进海洋技术和人才资源。最后，深化产才融合，聚焦广东海洋新兴产业，依托各类人才计划引进一批海洋领域急需紧缺的人才，吸引高端人才智力要素加速集聚。组织海洋科技引领型企业到国内外海洋科技领先地区和人才聚集地区开展专场海洋科技人才招聘会，以适应广东打造国际海洋科技创新中心的人才需求。实施高端海洋人才引进工程，增加海洋高端人才的引进指标，对建设海洋科技与经济领域的"人才小高地"进行重点扶持。

① 瞿群臻、王嘉吉、唐梦雪等：《基于逻辑增长模型的科技人才成长规律及影响因素研究——以海洋领域科技人才为例》，《科技管理研究》2021年第12期。

（二）加快各类海洋科技人才培养

其一，发挥高校在海洋科技人才培养中的主力军作用。围绕“国家重大需求的科技智库和海洋领军人才的成长摇篮”发展目标力行不辍、奋楫争先。依托高校及科技创新类涉海企业或项目开展订单式人才教育与培养，为海洋各领域输送专业人才。[①]首先，支持广东省内高校增设海洋类型大学，增加涉海专业与学科。如推动中山大学、广东海洋大学和南方科技大学等高校加快建设优势特色海洋学科，重点支持海洋专业博士学位点建设，支持涉海高校加强国内外院所合作，发展海洋前沿学科。加快推进广州交通大学、深圳海洋大学的建设速度，设立中国海洋大学深圳研究院、哈尔滨工程大学深圳海洋研究院等，构建跨地域、跨学科、跨领域的开放协同培养体系，培养一批具有较高水平的海洋科技人才。其次，应积极推行“双元制”人才培养模式，以“教—科—产”为主线，利用国内外双重教育资源，与国际知名院校合作办学或联合培养，加快培育一批中高层次的海洋科技人才。最后，加强高校海洋学科专业、类型、层次与区域海洋产业发展的动态协同，培养高水平复合型海洋技术人才，大力发展海洋技术职业教育和非学历教育，鼓励校企合作，设立海洋技术学院或产业研究院。依托高校培养海洋科技创新的基础人才，并加强实践培训，提升学生的实际操作能力，加强学生创新意识，强化创新型海洋人才培养导向。依托国内外海洋科技发达地区和企业构建实习实训平台，探索产教融合途径，建立海洋技术类人才储备库。

其二，构建产学研深度融合的海洋科技人才培养体系。产学研合作不

① 王银银、戴翔、张二震：《海洋经济的“质”影响了沿海经济增长的“量”吗？》，《云南社会科学》2021年第3期。

仅是实现科技创新的重要形式，还是培养高层次科技人才的重要模式。[①]其目标在于以海洋领域重大科技创新和产业发展为导向，推动创新链、产业链、人才链、资金链的深度融合。首先，可鼓励支持广东海洋科技引领型企业围绕海洋科技创新的重点，与相关科研机构加强合作，争取申报国家级海洋科学研究项目，让海洋科技人才在项目进程中得到历练。鼓励广东海洋企业加强与国内外海洋人才技能培训专业机构的合作，以此实施“海洋紧缺型技能人才培训”工程，以最快速度补足紧缺型海洋人才的缺口。其次，高水平研究型大学和科研院所主要从事海洋科技发展理论研究，是产学研协同创新的重要一环，也是培养海洋科技人才的重要载体。可通过与国内外科研机构联合建设海洋领域院士工作站、博士工作站、博士后工作站、博士后创新实践基地，大力聚集海洋科技高端人才。还可通过深入推进海洋领域国家重点实验室、省级重点实验室和企业创新平台等的建设吸引和集聚一大批高层次海洋领军人才。最后，依托重大海洋科技项目，在海洋科技创新主战场注重培养和使用人才。围绕海洋领域亟须攻克的核心技术难题设立省级专项课题和青年课题。在开展重大科研项目的进程中，鼓励青年海洋科技人才参与其中，为海洋科技创新打造一支创新团队和人才梯队。

（三）做好海洋科技人才评价和激励工作

其一，优化海洋科技人才发现、使用和评价机制。首先，要坚持“评用结合”的原则，真正将“揭榜挂帅”“赛马”等制度落到实处，挖掘有真才实学的海洋科技人才并让其参与到国家海洋领域核心技术的项目中去，从而让那些想干事、能干事、干成事的有真才实学的“千里马”有用

① 苏中兴：《全面提高科技人才自主培养质量 加快建设国家战略人才力量》，《中国高等教育》2022年第23期。

武之地。通过优化项目遴选机制、改变制度设计等让海洋领域的优秀人才和团队平等参与到项目竞争中。习近平总书记在中央人才工作会议上指出，要“用好用活各类人才。不要求全责备，不要论资排辈，不要都用一把尺子衡量，让有真才实学的人才英雄有用武之地”[①]。其次，要以海洋科技人才的创新价值、能力、贡献为导向，分层分类构建人才评价体系，改变唯论文的评价体系。对于海洋科技人才的评价应依据不同的领域如基础研究、应用研究、工程技术等分类评价。如对于海洋领域的基础科研型人才着重评价其原创性成果、学术成果、同行竞争力和影响力等，对于应用研究型人才着重评价其自主知识产权情况、成果产业化水平等，对于工程技术类人才应着重评价其解决工程问题的实际能力。最后，要以海洋科技人才的日常绩效管理为评价基础，并坚持长期导向。人才评价必须改变唯论文和唯奖项的传统评价理念和方式，通过科学制定岗位绩效管理办法，确保海洋科技人才评估工作与国家人才战略、企业创新理念、人才价值实现保持一致。

其二，全面激发海洋科技人才创新活力，改变当前科研单位的管理模式，做好激励和保障工作等。首先，要建立简洁高效的科研管理模式，建立市场化科技回报机制。海洋领域相关事业单位应简化项目申报、经费报销、成果报奖等事项流程，让科研人才把更多的精力时间放到科学研究、成果转化中来。破除制度性障碍，提高知识、技术等创新要素在海洋科技人才收入分配中的比重，完善市场化的科技回报机制，扩大期权、分红等激励方式的覆盖范围。其次，优化海洋科技人才的表彰制度，对于在海洋科技创新领域作出突出贡献的科学家、工程师、高技能人才及其团队进行表彰宣传，提升其薪资待遇，增强他们的获得感、荣誉感等，在全社会树

① 习近平：《深入实施新时代人才强国战略 加快建设世界重要人才中心和创新高地》，《求是》2021年第24期。

立尊重科技人才、科技报国的价值观。最后，要完善海洋科技人才的激励和保障机制。相关单位在制定收入分配政策时，要建立与海洋科技人才发展规律相适应的薪酬增长机制，加大科研绩效的奖励力度，为人才争取更多的社会资源如住房、教育等。明确海洋科技人才创造科技成果的知识产权归属及支配权，使他们获得相应的市场化回报，从而激励海洋科技人才更加重视创新链和产业链精准对接。

第四章

海洋治理科学：密织海洋治理现代化网络体

CHAPTER4

随着全球化进程与改革开放的不断深入，我国对海洋公共产品的需求日趋上升，保护海洋生态环境、促进海洋有序开发、构建海洋命运共同体等治理议题不断推进，海洋治理进入长期且复杂的新阶段。2021年，《广东省国民经济和社会发展第十四个五年规划和2035年远景目标纲要》（以下简称《纲要》）明确提出“大力实施海洋综合治理”的战略目标。在此背景下，作为我国发展潜力最大的海洋经济区，广东省需要在培育海洋治理思想观念、健全区域海洋治理体系、全面提升海洋治理能力和落实海洋治理监督制度等方面作出必要调整，以期实现从“海洋大省”到“海洋强省”的阶段性转变。

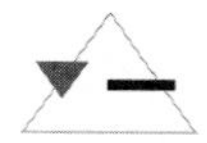

一 培育海洋治理思想观念

面对复杂多变的海洋形势和受到严重威胁的海洋环境，迫切需要从海洋治理思想观念层面回应当今海洋治理的显著问题，在理念上进行海洋治理观念的不断迭新，从而推动海洋治理体系朝着更加公正合理的方向发展。

（一）树立海洋治理法治观念

解决海洋治理难题要树立成熟的法治观念，遵守相关法律法规，在法律允许的范围内从事各类涉海活动，坚持保护优先、预防为主、源头防控、陆海统筹、综合治理、公众参与、损害担责的原则，提升公民和海洋从业人员的法治素养和法治能力，促使其自觉将法治观念融入海洋治理工作全过程。

其一，开展海洋法治教育活动。各级政府及其有关部门要加强海洋法治宣传教育和知识普及工作，充分利用世界海洋日暨全国海洋宣传日、“5·12”防灾减灾日、水生野生动物保护宣传月、国际生物多样性保护日、宪法宣传周等时机，重点在社区、码头、超市、重点企业单位开展《中华人民共和国宪法》、《中华人民共和国民法典》和海洋渔业领域的普法宣传活动，针对群众关心的海上渔业生产、出海船舶报备、海洋生态保护、水上休闲旅游等相关法规问题进行答疑解惑，支持落实海洋意识教育进学校、进课堂、进教材，增强公众海洋治理法治意识，引导公众依法参与海洋治理工作。例如， 2023年6月7日，广东省自然资源厅在湛江市举办的“广东省2023年世界海洋日暨全国海洋宣传日”新闻发布会上，向公众介绍了2022年广东省海洋经济运行总体情况，也回答了公众关心的诸多海洋问题，增强了公众的海洋意识。在汕头市举办的同主题活动中，向社会揭晓了2022年度“海洋人物”评选结果及其先进事迹。此外，还应鼓励支持涉海社会组织、产业协会等机构宣传海洋、保护海洋，建立并完善志愿者等公众参与机制，鼓励公众监督、举报违反红线管控制度的行为，探索举办海洋法治相关竞赛，引导社会公众自觉参与海洋法治教育活动。

其二，搭建海洋法治宣传平台。海洋治理观念能否普及很大程度上取决于海洋治理观念是否被大众所认同，这就需要在创制海洋治理观念时回应更多共同关切。加强宣传，全面增强公众蓝色国土意识，开展党政领导干部海洋政策知识培训，培育打造具有传播力和影响力的海洋资讯新媒体平台，开展多种形式的普法宣传，建立多层次、多渠道的海洋法治知识传播方式，努力做好群众的法治宣传教育，让单位和个人充分了解和认识海洋法治的重要性并自觉遵守，广泛推动海洋渔业法律法规和伏季休渔相关政策走进千家万户，进一步增强人民群众的海洋法治意识。积极借助渔业指挥中心信息平台，向辖区内船东船长和涉渔干部发送国家宪法日宣传标语，积极引导船东船长和涉渔干部加强对宪法及渔业法律法规的学习贯彻，扩大宪法宣传的覆盖面。

其三，加强公共法律服务供给。有针对性地完善海洋强省建设的司法服务保障体系，提高法治能力现代化水平，从司法资源配置、海事专业审判、海洋与渔业维权、相关基础设施建设和投资活动等方面抓住对海上“一带一路”具有助推作用的结合点和着力点，助力打造便利化海上跨境贸易通道。以司法改革和数字法院建设为支撑，鼓励和支持各市、县法院围绕海洋城市司法需求针对性地加强特色法庭、专项审判组织建设，建立与重点船企、高等院校和行业协会定点联络、定期沟通和定向施策的海洋司法服务保障机制，实现对服务保障对象的司法资源精准投送。建立海洋法律顾问服务体系和海洋法律专业人才储备，充分发挥法律顾问、公职律师在重大海洋行政决策、审查重大行政执法决定、行政复议案件办理中的作用，为相关机构和人员提供专业、高效、完备的法律服务。

（二）增强海洋空间治理意识

现阶段广东省海洋治理的底层逻辑在于让社会公众广泛参与到海洋治理中来，这很大程度上取决于社会公众治理意识。要增强全体人民对海洋治理重要性的思想认识，增强其海洋治理参与意识和相关知识储备，深刻领会和认识海洋在我国发展全局中的重要战略地位。同时，坚持人民群众在海洋治理中的主体地位，尤其是决策者的海洋治理空间意识，以保证海洋治理成效的充分发挥。

其一，增强决策者的海洋空间治理意识。决策者要吸取世界海洋强国和国内临海省份的成功建设经验，增强对海洋空间治理政策建议的制度性吸纳，从长远角度全方位考虑政策的正负效应，正确处理海洋空间治理和海洋经济发展的关系，提高海洋空间治理政策制定过程的公开度和透明度，充分吸收、听取和辨别利益相关者的声音，从顶层设计的宏观层面到具体政策的实施机构层面均提高对海洋空间治理的认知，并严格把控相关政策的制定和实施过程，增强政策制定的主动性和前瞻性。落实党组理论学习中心组集体学法和法律知识考试等制度，紧密结合海洋发展中涉及的重点、难点问题，有针对性地学习有关法律法规知识，使之能够真正意识到海洋空间治理的必要性和重要性，提升领导干部运用法治思维和法治方式推动海洋发展工作的能力，从而形成科学、先进和成熟的海洋意识，科学地指导广东省海洋事业发展。

其二，强化基层相关海洋从业人员的海洋空间治理意识。深入学习理解习近平法治思想，将海洋空间治理作为相关海洋从业人员培训的重要内容，组织其认真学习海洋渔业法律法规体系基本内容，重点学好海域使用管理法、海岛保护法、渔业法等行业法律以及相配套的法规、规章和政策文件，使之全面地理解海洋空间治理的价值和意义，做到学有所用、学以致用。与此同时，相关企业也要全面掌握涉渔重点从业人员的情况，建立动态管理档案，落实跟踪监管措施，通过宣传、会议研讨，以及人力资源管理中的知识结构优化专题培训等方式，助力海洋从业人员更为全面地理解海洋空间治理内涵，增强相关海洋从业人员参与海洋空间治理的自觉性，正确地认识海洋，科学地干预海洋，尽可能地保护海洋，进而使其自觉履行社会责任，不断提高海洋从业人员的海洋空间治理水平。

其三，强化人民群众的海洋空间治理意识。海洋空间治理要发挥人民群众的主动性、积极性和创造性，鼓励人民群众积极建言献策，贡献智慧。随着互联网的发展，要善于运用各类数字平台提高人民群众对海洋空间治理的科学认知，既可以采取张贴宣传标语、发放宣传手册的方式，也可以采取举办线上专题讲座、座谈以及在走访居民、渔民中进行讲解等形式开展宣传，向附近沿海群众重点普及海洋权益和海洋空间治理知识，使人民群众树立正确的海洋可持续发展观，鼓励个人和公益组织等定期开展海洋空间治理志愿活动，进而加深人民群众对海洋空间治理的理解、支持和参与，引导人民群众自愿加入到海洋治理事业中来。

（三）强化陆海一体化治理思想

陆海一体化是促进海洋经济发展，优化调整国土空间开发格局，建设海洋强省的重要途径。广东作为我国改革开放的前沿阵地，拥有毗邻南海的独特地缘优势和海洋城市的先天资源禀赋。2023年4月，习近平总书记在广东考察时强调："要加强陆海统筹、山海互济，强化港产城整体布局，加强海洋生态保护，全面建设海洋强省。"[①]面对加强陆海一体化协调发展的客观需求，广东省应重点强化海陆一体化治理的战略思维，走出一条海陆统筹、联动发展的"蓝色崛起"之路。

其一，实现陆海空间拓展一体化。优化利用海洋产业集聚带岸线、海域、海岛等海洋空间资源，提升海洋空间资源价值，合理引导产业带沿线城市功能空间与海洋空间互动融合，促进海陆生产、生活、生态空间的布局优化。结合不同地区和海域的自然资源禀赋、生态环境容量、产业基础和发展潜力，优化空间要素配置，明确分工协同，引领带动产业及创新网络化、集群化发展，形成内陆区域网络化支撑的空间支撑体系。依托滨海区域发展要素聚集、岸线及空间资源较为充裕的优势，重点承载海洋发展的主要功能。统筹沿海地区经济社会发展与海洋空间的开发利用，充分挖掘滨海特色资源价值，考虑"海岸—海域—海岛"多层次海域空间的保护利用，加强海域与陆域海洋事业联动发展。

---

① 《坚定不移全面深化改革扩大高水平对外开放　在推进中国式现代化建设中走在前列》，《人民日报》2023年4月14日。

其二，实现陆海环境治理一体化。基于生态系统的管理是科学有效的陆海统筹途径之一。围绕海洋产业集聚带统筹开展海陆环境治理，强化海域污染防治与生态修复，深化资源科学配置与管理，建立基于生态系统的海岸带综合管理体系，实施高标准蓝色海湾、蓝色海岸生态工程，实现海洋城市绿色化与可持续发展。优化海岸带开发保护布局，根据海岸带不同生态系统的特点，按照不同的保护和开发需求，建立陆海统筹的污染防治和海洋生态环境保护修复机制，加强陆海生态系统的保护和修复。尊重海洋生态环境与陆地生态环境的客观联系，以海洋生态建设、陆域污染防治、生态环境监测等为重点，海陆联动保护海洋生态环境。

其三，实现陆海经济发展一体化。统筹陆海空间、要素、通道和生态建设等资源配置，依托陆域产业优势，实现陆海资源互补协调发展，着力推动陆域生产要素转身向海、下海和海洋资源、产品上岸，加快海洋产业集群建设，推进陆海产业经济融合，构筑广东省产业体系新支柱，提升海洋产业国际竞争力。通过建立区域内部的海陆联动发展机制，以陆域资源禀赋和海洋产业基础为立足点，促进海洋人才链、创新链、产业链、服务链的有机衔接，实现海陆资源互补、相互促进、协调发展，拓展蓝色经济发展空间，积极打造区域经济发展重要引擎。

二　健全区域海洋治理体系

海洋是人类生存和发展的重要基础，蕴藏着丰富的自然资源，但也愈加成为国际权力博弈的场域。尤其近年来零和博弈、气候变化、环境污染正在损害着海洋的持续健康发展，因此构建中国式现代化海洋治理体系具有紧迫性和战略性。广东作为粤港澳大湾区的主阵地，应以共同构建海洋命运共同体理念为抓手，立足国内国际双循环新发展格局，形成粤港澳、粤桂琼、粤闽等区域海洋治理体系，深度参与现代化海洋治理，打造区域海洋治理“新样板”。

（一）构建海洋治理责任体系

构建海洋治理责任体系是确保海洋治理工作顺利开展的前提，关系到治理的效率、效果以及可持续性，是实现海洋强省战略和海洋可持续发展目标的关键步骤。在复杂的海洋治理体系中，明确责任是保障各项政策和措施得以落实的基础。

其一，加强区域协调与合作。广东区域海洋治理责任体系涉及多个区域，而各区域往往具有不同的价值取向和利益诉求，因而在海洋治理实践中各自为政，甚至相互掣肘，导致在横向与纵向层面上都出现了治理机制碎片化的现象。[①]因此，区域之间加强沟通与合作是构建海洋治理责任体系的前提和基础。首先，包括港澳地区、广东、海南、福建、广西等沿海省份在内的地方政府应协商制定并遵守海洋治理的区域性准则、规范和标准。例如，对于国际社会而言，《联合国海洋法公约》是各个国家和地区共同遵循的基本法律框架。其次，建立区域合作机制和平台，促进信息共享与交流。粤、闽、桂、琼等省份和港澳地区可以通过召开海洋区域协同治理研讨会等形式，就海洋生态环境保护、资源开发与管理、海洋治理理念、治理结构、治理功能、治理类型等议题进行深入探讨与交流，分享最佳实践经验。同时，通过建立海洋科学研究合作网络，加强各地区海洋科研机构和科研人员之间的合作，推动海洋科学研究的进展。最后，建立粤港澳、粤桂琼、粤闽海洋经济合作圈，强化各地区在海洋治理方面应承

① 叶泉：《论全球海洋治理体系变革的中国角色与实现路径》，《国际观察》2020年第5期。

担的责任和义务，使各地区享有的自由权利与应承担的责任与义务统一起来。[①]参考国际社会现有经验，联合国环境规划署、世界海洋组织等国际组织可以起到协调和引领作用，促进各国间的合作与沟通。同时，各国还可以通过签订双边或多边协议，建立海洋合作伙伴关系，履行各自责任和义务，共同应对海洋面临的挑战。

其二，强化行为主体的责任意识。习近平总书记在主持召开二十届中央国家安全委员会第一次会议时指出："要加快推进国家安全体系和能力现代化，突出实战实用鲜明导向，更加注重协同高效、法治思维、科技赋能、基层基础，推动各方面建设有机衔接、联动集成。"[②]协同高效需要多元主体的共同参与和协同发力。首先，政府在海洋治理中起着重要的组织和管理作用。粤、桂、琼、闽等省份和港澳地区政府应协同制定相关政策和法律法规，搭建相关平台和机制，提升海洋治理的组织和协调能力。其次，各地区企业应承担起社会责任，采取可持续发展的经营模式，减少对海洋环境的负面影响，积极参与海洋资源保护和恢复工作。政府可以通过税收、准入限制等手段引导企业履行社会责任，推动企业的可持续发展。此外，公众也是海洋治理的重要参与者和受益者。政府可以加强对公众的宣传和教育，提高公众对海洋环境保护和可持续利用的认识，从而增强其责任意识。鼓励公众参与海洋治理的决策过程，增强公众对海洋治理的参与感和责任感。同时，还应鼓励区域科学界、产业界、媒体和教育界等社会各界积极参与和协同行动。如科学界为海洋治理提供知识和智力支持，产业界与科学界密切协作，推动产学研深入融合，实现二者相互促

① 卢静：《全球海洋治理与构建海洋命运共同体》，《外交评论》（外交学校学报）2022年第1期。

② 《加快推进国家安全体系和能力现代化 以新安全格局保障新发展格局》，《人民日报》2023年5月31日。

进、共同发展，为海洋治理奠定经济基础，媒体通过建设全媒体传播格局来提升海洋治理责任意识的话语能力，教育界担负培养海洋治理专业人才的重任。

（二）建立海洋治理监管体系

建立海洋治理监管体系是实现海洋资源保护、开发、利用和海洋环境保护的必要条件，有助于加强对海洋空间的管理和控制，保护海洋权益，也有助于应对海洋领域的国际争端和挑战，维护海洋主权和发展安全。

其一，健全海洋治理监管法律体系。法治是国家治理体系和治理能力的重要依托，建立海洋治理监管体系的首要任务是建立健全相关法律法规体系。如已通过的《广东省海域使用管理条例》，填补了法律空白，以确保海洋资源开发利用、海洋环境保护、海岛保护与开发等方面有法可依。对此，在科学立法层面，广东应根据国家海洋治理领域的相关法律法规，结合本地实际情况，制定或修订一系列地方性海洋治理监管法规和政策，使法律更具针对性、时效性及易操作性。如在促进海洋经济可持续发展方面，通过立法明确海洋资源开发的准入条件、规划要求、监督管理等，推动海洋经济的绿色发展，实现经济效益与环境保护的双赢。科学立法，更要严格执法。在严格执法层面，广东要通过加强海洋监管部门的执法力量，提高执法人员的专业水平，提高执法效能。运用现代科技手段，如卫星遥感、无人机巡查等，扩大海洋监管的范围，提高海洋监管的效率。定期对海洋资源开发、海洋环境保护等活动进行监督检查，确保各项活动符合法律法规的要求，对违法行为进行严厉打击。

其二，设立海洋治理监管机构。广东省设立海洋治理监管机构首先需要明确机构定位。该机构应负责制订海洋资源的开发利用规划，监督管理海洋资源的合理利用，保护海洋生态环境，维护海洋权益，参与海洋事务的国际交流与合作等。此外，该机构还应当负责相关海洋科学研究和技术支持工作，为政策制定提供科学依据。在机构架构方面，广东省海洋治理监管机构应建立起由决策层、执行层和监督层组成的组织体系。决策层须由具有海洋政策制定经验的专家组成，负责制定海洋治理的总体战略和政策。执行层则需要包含多个部门，如资源管理、环境保护、法律执法等，各司其职，共同推动海洋治理工作的实施。监督层则应负责对海洋治理工作进行监督检查，确保政策得到有效执行，并防止违法行为。其次，资源配置是确保海洋治理监管机构顺利运作的基础。广东省应从人力、财力、物力等方面为机构配备必要的资源。人力资源方面，需要招募具有海洋学、海洋工程、环境科学等相关专业背景的人才，形成专业化的工作团队。财力方面，应保证足够的预算用于日常运营、项目研究和设备更新等。物力资源则包括办公设施、监测设备、执法船舶等，以支撑机构的各项工作。最后，广东省海洋治理监管机构应建立起一套完善的工作评估体系。评估方式应包括大数据、云计算、物联网等现代信息技术手段，收集、整合海洋资源开发利用的可持续性、海洋环境保护情况、法律法规执行情况等。同时，还应建立信息公开平台，保证信息的真实性、准确性和时效性，提高工作透明度和公众参与度。

（三）加强海洋治理制度建设

加强海洋治理制度建设是当前全球面临的重要课题之一。随着海洋问题与地区安全和经济发展的关系日益密切，建立海洋治理制度已成为众多海洋治理措施之一，[①]包括通过海洋行政体制改革和创新海洋综合管理机制来规范和管理海洋活动，实现海洋治理可持续发展。

① 张景全、巩浩宇、臧婕妤：《东南亚海洋治理机制网络与中国角色》，《南洋问题研究》2023年第3期。

其一，进行海洋行政体制改革。行政体制改革一直是我国国家治理体系建设的重要载体和表现形式。海洋行政体制是国家治理体系最集中、最直接的体现，以海洋行政管理体制改革作为海洋治理体系建设的关键，既符合海洋强省建设的整体逻辑，又能帮助广东省解决现行海洋治理中存在的问题，从中获取有益经验。对于广东进行地方性海洋领域行政体制改革而言，“理顺管理体制，建立一个更为权威的海洋管理机构”[①]是构建海洋治理体系的重要一步。首先，应精简整合现有的海洋管理机构及其职能，将分散在不同部门的海洋管理职能进行整合，形成统一的海洋管理机构。这样可以避免多头管理和职能重叠，提高决策和执行效率。例如，可以设立一个统一的海洋局或海洋委员会，将海洋经济发展、海洋环境保护、海洋科学研究等职能集中管理，实现资源共享和协同工作。其次，在精简整合的基础上，广东省需要进一步明确新的海洋治理机构的权力和责任，确保每个部门、每项业务都有明确的归属和责任主体。这包括对海洋资源的开发利用、海洋环境的监测与保护、海洋事故的应急处理等方面职责的明确。明确权责有助于提高管理效率，也便于对相关工作进行监督和评价。最后，海洋治理行政体制改革是一个动态的过程，广东省需要建立起一套完善的评估和反馈机制。通过定期的政策评估和效果检查，及时发现存在的问题和不足，对政策和措施进行调整和优化。同时，还应该注重引入现代信息技术手段，如大数据、人工智能等，提高海洋治理的智能化水平。

其二，创新海洋综合管理机制。海洋综合管理之所以在海洋治理体系建设中占据如此重要的位置，一个根本原因在于海洋具有一体化和流动性的自然特性，不管是在海洋资源的开发与利用上，还是在海洋生态系统的

① 李百齐：《对我国海洋综合管理问题的几点思考》，《中国行政管理》2006年第12期。

保护上，均需要立足整体，综合考量。[①]广东创新海洋综合管理机制需要从跨部门跨区域协作和社会监督机制两方面入手。一方面，海洋治理涉及多个部门和地区，如渔业、交通、旅游、环保等，因此建立有效的跨部门跨区域协作机制是实现海洋综合管理的关键。广东省可以设立海洋事务协调领导小组，由广东省委相关领导担任组长，成员包括各相关部门的负责人。该小组负责统筹协调海洋事务，解决跨部门、跨区域的管理问题，确保政策的统一性和协调性。在海洋综合管理中，需要制订统一的海洋发展规划，明确各部门的职能和责任，以及不同海域的功能定位和开发限制。这样可以规避部门间的职责重叠和管理盲区；需要构建一个海洋管理信息共享平台，实现数据资源的共享和业务流程的互联互通。各部门可以通过此平台实时获取其他部门的管理信息，提高决策效率，提升管理效果。另一方面，社会监督机制的建立有助于提高海洋管理的透明度，提升公众参与度，增强管理的有效性和公信力。引入第三方专业机构对海洋管理工作进行评估和监督，以客观公正的视角提出改进建议。支持和鼓励媒体对海洋管理工作进行报道和监督，揭露违法违规行为，表彰典型案例，形成监督舆论压力，促进管理部门依法行政、公开透明。鼓励公众积极参与到海洋管理的监督中来，包括参与环境影响评估的听证、海洋保护区的志愿服务等。通过提供培训和宣传，增强公众的海洋意识，提升公众的参与能力。

三　全面提升海洋治理能力

海洋治理的根本目的在于实现全球范围内人类与海洋的和谐发展，为

① 王刚：《中国海洋治理体系建设的发展历程与内在逻辑》，《人民论坛·学术前沿》2022年第17期。

全面建设海洋强省提供动力。广东海域面积广阔，海洋资源丰富，拥有全国最长的大陆海岸线，以及广州港、深圳港、汕头港等港口群，应坚持强化海洋空间治理能力、健全海洋依法治理能力、聚焦海洋安全治理能力，以确保实现海洋治理目标。

（一）强化海洋空间治理能力

随着海洋开发利用规模和深度的不断拓展，广东省经济社会得到长足进步，但同时海洋生态空间萎缩、海洋生物多样性减少、海洋资源浪费等问题日益凸显，已成为制约海洋可持续发展的瓶颈。当前，广东省面临偿还海洋环境旧账的压力，又要为海洋经济高质量发展拓展空间，这对其海洋空间治理能力提出了更高要求。

其一，海洋空间资源管理。海洋空间资源是指海洋可供开发利用的海岸、海上、海中和海底空间，包括交通运输空间、海上生产空间、海底电缆空间、储藏空间、生活娱乐空间等。海域、海岛、海岸线等海洋空间资源的规划管控已基本形成，海底电缆管道路由规划作为海底空间资源统筹的制度安排，将进一步补齐海洋空间资源管控的“拼图”。但由于缺少引导，随着海洋空间资源数量的日益增多，其分布杂乱无章、较为分散，海域空间割裂现象严重，一定程度上造成了海洋空间资源的浪费。应通过优化空间布局、预留发展空间、利用废弃空间、立体使用海域空间等多种用海策略，完善对海洋资源的空间管控；基于海域自然环境、开发现状和各类规划的管控要求，对全省海域进行适宜性分区，划定海洋禁止区、控制区和限制区，建立白名单、黑名单制度，对海洋空间资源的布置进行引导和约束。对海域空间资源实施科学有序的集中优化利用，以支持海岛地区通过“三通”改善生产生活条件，支撑海洋经济和产业集聚区发展，不断提高海洋空间资源的集约节约利用水平，实现海域空间资源利用的最大社会、经济、生态效益，为建设海洋强省提供空间要素保障。

其二，优化海洋空间格局。《广东省国民经济和社会发展第十四个五年规划和2035年远景目标纲要》提出，“加快构建海洋开发新格局”，“优化海洋空间功能布局，提升海洋资源开发利用水平”。“十四五”期间广东海洋治理工作该如何体现新格局的“新”？这首先要从优化海洋空间格局的视角来推动海洋资源开发利用。具体而言，要结合不同地区和海域的自然资源禀赋、产业基础和历史人文底蕴，统筹海洋及海岸带空间格局与陆域产业发展布局，统筹海域与陆域接入系统空间布局，推进沿海经济中心和内陆腹地联动发展，加强“一核”“两极”“三带”“四区”协作，构建科学合理的自然岸线开发利用和陆海协调的海洋空间格局。通过优化上述海洋空间格局，能够切实提升临海亲海空间品质，促进海洋服务功能集聚，保障海洋经济、科技、生态、文化等各项事业发展。

其三，强化空间要素保障。2023年7月，《广东省自然资源厅关于加强海洋资源要素保障 促进现代化海洋牧场高质量发展的通知》指出：“加大用海政策创新，保障现代化海洋牧场资源要素供给。”结合当前经济社会发展需要，充分考虑“十四五”期间海洋治理需求，广东省应持续加强自然资源要素保障，重点保障海洋强省建设重大项目用地用林用海需求。推进海洋资源市场化配置，坚持充分发挥市场在海域资源配置中的决定性作用和更好发挥政府作用，创新海洋产业园海域使用管理模式，强化政府对海域一级市场的管控，完善海域使用权出租、转让和抵押二级市场，促进海域资源优化配置和节约集约利用。探索海域使用权立体分层设权，积极盘活低效利用的海域和岸线资源。实施海洋测绘地理信息工程。深入推进涉海领域“放管服”改革。搭建海洋产业投融资公共服务平台，建立海洋产业投融资项目库，建设完善的海洋产权流转、评估、交易体系，提高产融对接效率。支持深圳探索设立国际海洋开发银行，对推动海洋经济发展成效突出的金融机构给予积极支持。

（二）健全海洋依法治理能力

广东省历来高度重视依法行政工作，将其作为统领海洋事务的重大战略任务来抓。近年来，广东省积极推进依法行政，强化体制机制建设，逐步规范海洋行政权力运行，加强文明执法，努力提升海洋系统依法行政能力。目前，已初步形成了具有海洋管理特色的依法行政制度框架和运行机制，为大力提高海洋领域法治化水平打下了坚实基础。同时，也必须深刻地认识到，海洋领域依法行政还存在着诸多问题，如法治宣传教育不够深入、行政执法工作不够规范、部分法律制度相对落后、执法人员业务培训不够及时，法制审查力量不足，有法不依、多头执法、选择性执法等现象仍然存在。这些问题阻碍了系统推进依法行政的进程，必须将法治理念和法治原则贯穿海洋工作的全过程和每一个环节。

其一，完善海洋立法程序。科学制订实施海洋立法规划、计划。建立海洋法律基础理论和实务问题研究项目库，广泛吸收高校、研究机构及行业协会等参与海洋立法研究工作。建立健全专家咨询论证制度，充分发挥专家学者的作用。建立立法征求人大代表和政协委员意见制度。立法过程中，要充分听取基层海洋行政主管部门的意见。健全公众参与立法机制，海洋行政主管部门拟定的法律法规规章和规范性文件草案，要采取多种方式向社会公开征求意见。立法要借鉴国内外立法的有益经验和做法，注意法律的普适性。开展立法后评估。加强海洋法律法规和规章的应用解释工作。

其二，加强重点领域法治。在立法方面，结合当前国内外形势，研究适合我国国情的海洋法律制度体系和法律法规框架体系。完善资源市场法律制度，充分发挥市场在海洋资源配置中的决定性作用。贯彻落实总体国家安全观，重点围绕海洋资源环境安全、极地安全、国际海底区域安全和海洋权益维护，研究拟定相关法律法规。用严格的法律制度保护海洋生态环境，建立健全海洋资源产权法律制度，制定完善海洋空间开发保护、海洋生态环境保护等法律法规。完善有利于加强海洋管理的法律法规规章，加强海洋防灾减灾、海洋科研调查、海水利用等方面的立法工作；在执法方面，围绕渔业安全生产监督管理、渔政执法、海洋监察执法、水产品质量安全执法、水生野生动物保护执法等执法活动开展，严厉查处违法行为。全面推行行政执法公示制度、执法全过程记录制度、重大执法决定法制审核制度。采取个人自学与集中培训相结合的方法，组织行政执法人员开展多种形式的学习，重点做好行政执法人员教育培训，提高执法队伍整体执法水平。

其三，依法落实普法责任。按照“谁执法谁普法”普法责任制要求，落实领导班子定期学法制度、机关工作人员学法用法制度，加大党内法规宣传力度，教育引导党员干部做党章党规党纪和国家法律的忠实崇尚者、自觉遵守者、坚定捍卫者。同时，积极选派人员参加上级有关部门组织的各类执法业务知识培训班学习，营造学法、懂法、讲法、用法的良好氛围。通过派出志愿服务和现场交流互动及典型案例宣讲解读，向沿线市民群众宣贯有关渔业法律法规及相关政策，组织开展“进渔港、上渔船”集中普法宣传活动，进一步促进渔民和渔业从业者深入了解海洋伏季休渔制度、海洋渔业资源养护补贴政策及渔船安全生产要素等要求，让渔民和渔业从业者自觉养成严格遵守渔业法律法规和安全生产制度的良好习惯，依法依规维护海洋渔业生态资源，确保辖区渔业安全和渔区社会和谐稳定。开展以案释法，加强对行政相对人的法律法规和政策的宣讲，把案件依法处理的过程变成普法公开课。

（三）聚焦海洋安全治理能力

建设海洋强省，海洋安全治理能力是重要保障。当前，海洋安全边界随着中国经济的增长而拓展，海上安全面临着许多紧迫问题，比如海域划界、岛屿主权归属纠纷、海底资源开采、海洋航线安全、海上走私和海洋环境保护等问题。这一系列新的问题迫切要求我们进一步关注海洋安全，提升应对、管控海洋多样化风险与挑战的能力。结合当前广东省海洋安全治理的现状和症结，应集中在海洋政治安全、海洋经济安全、海洋生态安全三方面持续发力。

其一，海洋政治安全。海洋政治安全是提升海洋安全治理能力的基础。世界各国对海洋开发战略的重视程度空前提高，沿海大国纷纷将维护国家海洋权益、发展海洋经济、保护海洋环境列为国家安全战略。随着沿海各国对海洋权益的争夺日趋激烈，面对海洋地缘政治演进，广东省应坚持海洋命运共同体的发展理念，通过合作共赢、多边对话的方式，主动承担国际海洋安全责任和义务，提供海洋管理政策法律规划和标准的交流平台，积极构建更加全面、更加包容、更加公平的海洋合作伙伴关系，努力为世界海洋安全作出应有贡献。

其二，海洋经济安全。海洋经济安全是提升海洋安全治理能力的关键。《广东海洋经济发展报告（2023）》指出，“海水产品供应维护粮食安全大局……为保障粮食安全做出积极贡献……能源保障更加安全有力”。为筑牢广东海洋治理的既有成果，还应积极开展海洋经济运行监测与评估工作，健全海洋经济调查指标体系，完善涉海行业数据共享机制，定期发布海洋经济数据。大力发展以保障能源、食物安全为主的海洋产业。打造“粤海粮仓”，支持渔业种子种苗技术研发，高标准建设智能渔场、海洋牧场、深水网箱养殖基地，大力发展海水产品精深加工，新建一批国际水产品交易中心和现代渔港经济区，扶持远洋渔业发展，建设深圳国家远洋渔业基地。要将海洋灾害防御工作纳入地方经济社会发展规划和国土空间规划，将海洋灾害防御同海洋生态修复和海域海岛使用管理有机衔接，为海洋防灾减灾基础设施建设预留空间，为广东省海洋新经济发展保驾护航。

其三，海洋生态安全。海洋生态安全是提升海洋安全治理能力的核心。牢固树立和践行“绿水青山就是金山银山”理念，协同推进海洋开发与保护、经济发展与生态修复，以及海洋权益维护，持续开展海洋生态环境保护专项执法行动，集中整治海洋污染与生态破坏突出问题，维持海洋自然再生产能力，使人民群众共享美好蓝色家园。加强海洋生态预警监测，针对重点海域赤潮事件和核电冷源海域海生物聚集事件提供赤潮和海洋生态监测预警服务，发布赤潮监测预警专报和海洋生态监测预警专报。加大生态修复投入，积极争取国家财政资金支持，对实施国家级重大生态修复工程，给予单位面积最高标准补助。积极开展海洋灾害风险普查，收集堤防、海洋工程、地面沉降、洪涝灾害、海水倒灌等海平面变化影响信息，在重点区域开展海岸侵蚀、咸潮入侵等典型事件跟踪调查。例如，《茂名市“十四五”海洋生态环境保护规划》提出“筑牢海洋生态安全屏障”，《湛江市生态环境保护“十四五”规划》强调“筑牢区域生态安全格局”。

四 落实海洋治理监管制度

随着海洋强省建设持续推进，广东省海洋经济开发方兴未艾，但海底空间资源的紧缺也日益凸显，亟待加强海洋治理监管。结合广东省海洋工作实际，应从立法立规设置监督制度、落实执行贯彻监督制度、构建长效保障机制措施三方面入手，打造“监督+监管+监测”三位一体的海洋治理监管新格局。

（一）立法立规设置监督制度

党的二十大报告指出：“全面依法治国是国家治理的一场深刻革命，关系党执政兴国，关系人民幸福安康，关系党和国家长治久安。”[①]立法立规设置监督制度是维护海洋权利、促进海洋事业发展、推进构建海洋领域治理体系和治理能力现代化的必然要求和重要保障。随着广东省参与全球海洋治理的力度不断加大，客观上需要设置基础性、有效性、全局性的监督制度，为海洋强省建设提供保障。

其一，加强海洋监管保护。在明确责任主体的前提下逐步完善对海洋活动的监管，加强分级分类保护管理，重点加强对海洋活动密集和生态敏感海域的监管。进一步简化海洋工程项目审批程序，对符合规划进入海洋空间的工程项目，开通绿色审批通道，简化协调会和征求意见等审批流程，提高审批效率，推动审批提质增效。主管部门应加强应急能力建设，对于海洋灾害频发的区域，统筹协调所有者建立联防联控机制，共同持续推进海洋防灾减灾制度和标准化体系建设，及时排除安全隐患，对于有可能对海洋生态环境或生产生活产生较大影响的事件，应及时向主管部门报告。各级海洋部门要强化规划实施情况跟踪监督和检查，每年开展规划实施评估与绩效考核，及时发现和解决问题，切实保障各项工作落实。

其二，加大海洋执法力度。建立健全海洋渔业部门与海关、海事、边防、水利、环保、应急管理等涉海部门的联合执法机制，加大海洋联合执法力度和巡查密度，组成完备高效的海上执法队伍，依据各级海洋功能

---

① 习近平：《高举中国特色社会主义伟大旗帜为全面建设社会主义现代化国家而团结奋斗——在中国共产党第二十次全国代表大会上的报告》，人民出版社2022年版，第40页。

区划，重点查处违规围填海、超面积用海、破坏海洋环境和资源等非法用海行为，严厉打击非法捕捞等违法犯罪行为。加强海洋执法监管能力建设和海洋综合执法基地建设，通过开展海域、海岛、海洋环境的专项执法行动，进一步完善海洋安全监管联动机制，确保渔业生产和谐有序。例如，2020年6月，深圳市规划和自然资源局（市海洋渔业局）发布的《深圳市海洋行政处罚自由裁量权标准》进一步细化了海洋行政处罚的种类、幅度、时限等，规定海洋行政处罚机关在实施行政处罚时必须遵守这一标准。

其三，海洋法治建设与宣传。紧急制定和修订相关法律法规，认真贯彻落实海洋环境保护、海域管理、岛屿保护与开发、海洋产业等相关法律法规的实施，为实施海洋功能区划提供更加完整有效的法律体系，以确保有效地管理海洋。积极宣传《中华人民共和国海域使用管理法》《中华人民共和国海上交通安全法》《中华人民共和国海洋环境保护法》等基础性的法律知识和行政法规，以体现海洋法体系的权威性和协调性，为实施海洋治理营造和谐的社会氛围。各级海洋行政主管部门在海洋治理上要加强对自身的教育和培训，多层次、多渠道、多层面开展有针对性的海洋宣传工作，向公众普及海洋治理知识，增强各类用海单位合理开发利用海洋的自觉性。

（二）落实执行贯彻监管制度

监管制度是海洋强省建设的关键内容，也是做好海洋工作的基本保障。广东省海洋监管制度体系尚未健全，一些法律制度、政策规划等未达到海洋强省建设的要求，在一定程度上制约了海洋核心竞争力的形成。对此，应树立正确的目标导向，突出海洋监管的基础性和重要性，推动海洋监管制度科学化和规范化。

其一，海洋协管员管理制度。海洋协管员管理制度是广东省为完善海域海岛监管体系，更好地遏制违法用海用岛行为，结合广东省海洋实际情况制定的一项制度。该项制度实施以来，在违法用海用岛行为早发现、早制止方面取得了一定效果，有效提高了各地海洋资源保护水平。海洋协管员队伍由沿海各地级以上市、县（市、区）自然资源主管部门组建，并组织相关涉海业务培训。海洋协管员主要负责责任区内海域、海岛、海岸线等海洋资源及海洋观测监测站点的定期巡查及海洋灾情的统计，及时向所属镇街报告巡查情况，协助所属部门做好海域海岛管理、海洋预警监测等相关政策法规的宣传教育。针对这一具有创新性的海洋管理制度，广东省应继续发挥这一制度优势，推动成立“岸长制”，压实各镇街各部门保护海洋生态环境的主体责任，推动海洋管理哨口前移，着力提高海洋精细化管理水平。

其二，海洋管理联席会议议事制度。海洋管理联席会议议事制度是指涉海政府机构与部门为了促进海洋可持续发展，通过联席会议讨论和决定涉海重要事项的制度。当前，广东海洋管理制度主要由各级自然资源部门采取统一管理与分工负责相结合的方式执行，容易导致各涉海部门职能交叉、权责不清、权力分散，难以形成协同效应与治理合力。完善的海洋管理联席会议议事制度能够协调和解决海洋治理工作中的重大问题，推动各涉海部门间的协作配合，保证海洋法律法规在基层治理实践中得到贯彻落实。因此，有必要改革创新现行海洋管理制度，成立各级海洋工作领导小组，进一步明确各涉海部门的职责权限，合理调配各部门任务分工，建立一个层次分明、科学有效的海洋协作管理机制，及时研究解决广东省海洋资源开发利用中的重大问题，强化对发展海洋重大决策、重大工程、重大项目的协调及政策措施的督促落实。

其三，海洋生态红线管理制度。海洋生态红线是指在重要海洋生态功能区、敏感区、脆弱区和自然岸线依法划定的管理边界线，是保护海洋生态不受人为破坏的治理底线和制度保障。海洋生态红线管理制度有助于优化海洋生态环境，增强海洋生态健康，强化海洋生态修复，促进海洋生态系统可持续发展，推进海洋生态文明建设。在此前提下，广东省海洋治理工作应继续推进实施海洋生态红线管理制度，将海洋生态红线划定和保护责任落实到政府相关部门，制定相应的海洋生态红线管理政策或细则，推动跨部门的综合管理和流程再造。与此同时，还应鼓励公众积极参与海洋生态红线管理的相关规划和机制设计，保障公众在海洋生态红线管理上充分行使知情权和监督权，引导公众和机构自觉在海洋生态红线内从事海洋生态保护活动。

（三）构建长效保障机制措施

监管机制对政府行为具有“风向标”和“指挥棒”的作用，能够使海洋工作的无序、失误或低效现象得到一定遏制。为了提升海洋治理效能，还需要增强政策支撑和要素保障，在加强政府领导、严格责任考核、保证资金投入等方面下功夫，形成协同推进的合力，确保海洋强省建设顺利实施。

其一，加强政府领导。沿海各级政府部门是落实海洋治理监管的责任主体，应将海洋治理监管当作重点工作来抓，强化组织领导，明确管理机构和工作职责，加强对海洋发展规划实施的指导、监督和评估，研究制定促进本地区海洋发展的政策措施，建立健全有关部门分工负责密切配合，协同推进海洋治理监管的贯彻落实机制，逐层分解细化，逐级落实推进，确保各项工作落到实处。要充分发挥各级海洋工作领导小组的指导作用，强化对全市海洋重大政策、重大项目、重大事项的统筹协调，完善海洋管理联席会议议事制度，建立市统筹、区落实的工作协调机制，市有关部门要根据职能分工，配齐配强人员，健全工作机制，强化协作，主动作为，形成工作合力。沿海市县要加强与省有关部门的沟通协调，提高与省海洋经济管理工作的联动性，积极争取在政策、项目、资金等方面的支持，加大对海洋发展的支持力度，协调解决海洋发展中的重大问题。

其二，严格责任考核。在国家下达新一轮海洋健康指标任务前，广东省暂以《广东省海洋经济发展“十四五”规划》中的有关规定作为责任目标，沿海各级政府要将责任落实到相关部门，制定相应的监督管理办法或细则，具体负责辖区内海洋工作的监督管理，逐段明确监管的责任单位和责任人。加强规划实施管理，建立年度和中期评估机制，加强对涉海重大工程、重大项目、重大课题的实施情况的跟踪分析和督促检查，定期通报进展情况和事项，将海洋经济工作和海洋保护工作纳入涉海部门经济社会发展综合考核体系，并与沿海地方党政领导签订生态环境保护目标责任书进行考核。建立动态调整和监督考核机制，根据中期评估适时调整目标任务，确保规划任务的实现。加大规划宣传力度，完善规划实施的公众监督机制，及时公开规划实施情况，畅通公众意见反馈渠道，主动接受社会监督。

其三，保证资金投入。各级政府要保证海洋管理资金投入，建立稳定长效的经费保障机制，确保海洋管控、保护、监测、执法、评估研究、监督考核等工作的经费投入。积极对接争取国家和省各项涉海财政资金支持，整合相关资金投入海洋经济建设，建立常态化的稳定投入机制。加大市级财政支持力度，推动开发性金融促进海洋经济发展试点，综合运用贷款贴息、以奖代补、股权投资、融资担保、风险补偿等新型财政资金投入方式，重点加大对海洋高端装备、海洋新能源等海洋产业重大项目，以及海洋生态修复、环境监测、防灾减灾等海洋重大工程的支持力度。鼓励社会资本进入，支持各类社会主体以直接投资、合资、合作等多种方式，参与海洋领域的开发建设。

第五章

海洋生态优良：加强海洋生态文明建设

CHAPTER5

加强海洋生态保护，打造生态优良的海洋，不断满足人民群众美好生活需要，关乎海洋强国与美丽中国建设。海洋生态优良是对良好海洋环境与和谐人海关系的生动表达，也是现阶段建设海洋强国的重要任务。作为地球上最大的生命保障系统，海洋是承载生物多样性的宝库，维系着气候平衡，并为人类提供了丰富的自然资源和重要的经济发展空间。然而，面对日益严峻的海洋污染、资源过度开发、生态系统退化等问题，海洋生态环境正遭受前所未有的压力。在此背景下，广东省推进海洋强省战略，加强海洋生态文明建设，不仅是对海洋环境治理责任的担当，也是实现自身可持续发展的必然选择。

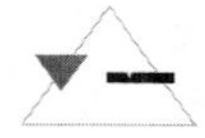

一　推进海洋生态文明制度建设

良规是善治的基础，推进海洋生态文明制度建设是打造生态优良海洋的强基固本之策。当下，广东省海洋生态文明制度规范体系虽已初具雏形，仍须进一步完善，要以系统成熟为方向不断推进科学规范、行之有效的海洋生态文明制度建设，切实为增进海洋生态治理效能提供整体性规范与长期性保障。

（一）建立海洋资源优化配置机制

海洋资源作为自然资源的一种，有限性是其基本特征。海洋资源优化配置机制是指通过一系列制度安排和政策指导，合理保护和规划海洋资源，实现海洋资源的可持续利用和海洋经济健康发展的一种管理机制。这一机制涵盖了资源评估、利用规划、市场调节、法律监管等多个方面，旨在通过科学管理实现海洋资源的高效、合理、公平利用，并保护海洋生态环境。

建立广东省海洋资源优化配置机制，是实现广东省海洋资源可持续发展的必然要求，对广东省海洋生态文明建设具有重要意义。在广东省委领导下，广东省已全面深化海洋综合管理改革，促进广东省海洋资源优化配置。例如，从2018年出台的《广东省海洋与渔业厅海砂开采海域使用权挂牌出让工作规范》到2023年出台的《广东省自然资源厅海砂开采海域使用权和采矿权挂牌出让工作规范》，广东省不断改进和优化海砂开采海域的使用权和采矿权“两权合一”的市场化出让工作。督促广东省开展落实海砂开采海域的使用权和采矿权“两权合一”的市场化出让试点工作。实施《红树林保护修复专项行动计划（2020—2025年）》，截至2022年年底，全省新营造红树林1219公顷，修复红树林321.6公顷。[①]这些举措是对广东省海洋资源优化配置的有益突破。要对其深入系统推进，还须综合运用调查研究、市场调节、科技支持、合作交流等措施，进一步为广东省海洋资源的合理利用和保护保驾护航。

具体而言，可从以下几方面着手：其一，加强广东省海洋资源的调查和评估。可采用多学科调研法，结合海洋学、生态学、经济学和社会学等领域的知识，进行综合评价。包括对生物多样性的调查、生态系统服务的评估以及资源的经济潜力分析。此外，还须建立长期的海洋资源监测系统，并发展相应的预测模型，以评估广东省海洋资源的可持续性和对环境变化的敏感性。其二，制订广东省海洋资源利用规划。采用生态系统管理的方法，确保生态平衡和生物多样性。基于生态承载力和环境影响

① 广东省自然资源厅、广东省发展和改革委员会：《广东海洋经济发展报告（2023）》，广东科技出版社2023年版，第35页。

评估，制定科学合理的开发限度。在此过程中，广东省海洋资源利用规划应该吸纳多方利益相关者，包括地方政府、渔民、企业和相关环保组织等的意见，通过参与式规划过程确保各方利益的平衡。海洋环境和资源状况是不断变化的，因此利用规划应包含动态调整机制，以适应环境变化和社会经济需求的演进。其三，建立广东省海洋资源市场机制。通过市场手段调节资源配置结构，如设计有效的海洋资源交易市场，包括交易规则、交易平台和监管体系的建立，以促进海洋资源的高效配置。同时引入竞争机制，提高资源配置的效率，增强公平性。其四，强化广东省海洋资源优化配置的科技支撑。鼓励对海洋资源开发与保护相关的创新技术进行研发，如提高资源开采效率的新方法、减少生态环境影响的技术等。建立海洋资源数据共享平台，集成多源数据，支持科研机构和决策者进行科学决策和管理。

（二）完善海洋生态损害补偿机制

生态补偿最早在自然科学领域适用，意为自然生态补偿，内容是自然界的生态环境系统对于外界扰动因素的敏感度和恢复能力。[①]海洋生态损害补偿机制是指在海洋生态环境因人类活动受到损害时，通过法律、行政等手段，要求污染者或破坏者对海洋生态环境进行修复，并对无法恢复的部分给予经济补偿，以此来恢复海洋生态系统的功能和服务的机制。这一机制包括损害评估、责任认定、补偿标准制定、补偿资金管理与使用等多个方面，对海洋生态的修复与恢复、预防与遏制进一步损害、外部成本内部化等维度具有重要作用。

作为改革开放的先行区和示范区，广东省承担着重要的经济和社会

① 郭武、张翰林：《论生态环境损害赔偿与生态补偿的适用甄别——以流域生态保护为视角》，《云南民族大学学报》哲学社会科学版2021年第5期。

发展功能。然而，随着经济的快速发展，海洋环境和生态系统也面临着前所未有的压力。海洋生态损害不仅影响渔业、旅游业等传统产业的发展，还对生物多样性和区域可持续发展构成威胁。因此，构建和完善海洋生态损害补偿机制成为广东省推进海洋强省建设的迫切之需。从2019年3月开始，广东省着手开展了“守护海洋”公益诉讼专项监督活动，仅一年时间，就立案464件，发出行政诉前检察建议354份，提起公益诉讼36件，严厉打击了破坏海洋生态平衡相关行为。[①]2020年，广东省人民政府办公厅印发了《广东省生态环境损害赔偿工作办法（试行）》，为海洋生态损害补偿机制作出了积极探索。完善广东省海洋生态损害补偿机制，对于维护广东省海洋生态平衡、促进广东省海洋经济可持续发展具有重要意义，可有效促进环境责任原则的落实，增强海洋生态保护的经济激励，推动形成人与自然和谐共生的现代海洋生态管理体系。

在全面建设海洋强省的战略要求下，广东省海洋生态损害补偿机制的完善还须从以下几方面发力：其一，完善损害补偿的相关法律法规体系。从法学角度分析现有的海洋生态保护法律体系，识别法律漏洞和不足，提出构建完整法律框架的建议。这涉及对国际海洋法律的对比研究，以及国内外成功案例的分析。同时还须探讨在海洋生态损害补偿立法中如何实现政府部门之间的有效协调，以及立法与政策措施之间的衔接。其二，统一损害评估标准。制定统一的海洋生态损害评估标准和技术指南，有助于增强评估的科学性和准确性。同时，还要设立专门的评估机构，提高评估人员的专业水平，确保评估结果的公正性和权威性。其三，科学制定补偿标准。应用环境经济学和资源经济学相关原理，对海洋生态系统服务价值进行量化，为补偿标准的制定提供科学依据。在此基础上进行成本效益分

① 《广东晒出“守护海洋”公益诉讼成绩单》，《检察日报》2020年4月22日。

析，评估不同补偿标准下的社会经济影响，以及其对海洋生态恢复的效果。同时，根据海洋生态系统的变化和经济社会的发展，建立补偿标准的动态调整机制。其四，强化损害资金管理和使用监督。设立广东省海洋生态损害补偿资金的管理和监督机制，确保资金的有效和透明使用，并引入第三方评估机构进行独立审计，提高资金使用的公信力和透明度。此外，推动构建社会监督体系，包括公众参与、非政府组织以及媒体监督，以提高资金管理的透明度，增强公众信任。

（三）健全海洋生态绩效考核机制

海洋生态绩效考核机制是指通过设定一系列科学合理的指标和标准，对地方政府、相关部门和企业在海洋生态环境保护和管理方面的工作进行评价和监督的制度。这一机制涉及海洋生态保护的各个方面，包括生态环境质量、资源利用效率、污染防治、生态修复、法律法规执行等。健全海洋生态绩效考核机制，对维持生物多样性、调节气候、提供食物资源等具有不可替代的作用，直接关系到区域经济的可持续发展和居民生活质量、海洋生态环境保护政策的实施成效，同时也是实现海洋强省战略的关键环节。

当前广东省在海洋资源管理与利用层面的绩效考核工作已有一定基础，如广东省自然资源厅出台了《2022年海洋资源管理与利用专项资金分配方案及绩效目标》，为全省合理管理利用海洋资源提供了依据。健全广东省海洋生态绩效考核机制对于推动广东省海洋生态文明建设具有重要激励作用，能够充分调动各实践主体的积极性，激发其工作潜力。通过完善考核指标体系、制定合理考核标准、建立动态调整机制、强化考核结果应用等措施，可有效提高广东省海洋生态环境管理水平。这不仅有助于实现广东省的海洋强省战略，也可为其他沿海省份提供宝贵经验。

基于此，以建设现代海洋生态文明为旨归，绩效考核是海洋生态建设的有效手段，可督促相关部门和人员切实为之努力。广东省在健全海洋生态绩效考核机制时，可从如下方面重点把握：其一，完善考核指标体系。考核指标体系应当科学、全面，既包括海洋环境质量的基础指标，如水质、生物多样性等，也应包括资源利用效率、生态修复进度等指标。2022年，广东省级财政统筹安排2.7亿元专项资金支持红树林保护修复、重点海湾整治、海岸线生态修复、矿山地质环境恢复治理等。那么，在绩效考核中就应围绕相应重点工作展开。此外，考核体系还应纳入社会经济发展与海洋生态环境的协调性指标，如海洋经济增长与资源环境承载力之间的关系。其二，制定合理的考核标准。考核标准应当与国家和地方的海洋生态环境保护目标相一致，既要有利于激励地方政府和企业积极采取行动，也要确保环境质量的实际提高。同时，考核标准应当具有一定的弹性，以适应不同地区的实际情况。其三，建立动态调整机制。海洋生态环境是一个动态变化的复杂系统，因此考核机制也应及时进行动态调整。根据海洋生态环境质量变化、科技进步和管理经验的积累，定期更新考核指标和标准。其四，强化考核结果应用。考核结果应当与地方政府官员的绩效评价、企业的环保责任、财政资金的分配等紧密结合，形成明确的奖惩机制。通过考核结果的正向激励和反向约束，促进海洋生态环境的持续改善。

二　提高海洋生态文明治理水平

作为中国沿海经济强省，广东省海洋生态文明的治理水平直接关系到区域可持续发展的成败。近年来，随着经济的快速发展，海洋环境保护和资源利用的矛盾日益凸显，提高海洋生态文明治理水平成为当前的一项紧迫任务。针对广东省海洋工作面临的现状与挑战，应从深化海洋生态管理方式改革、提升海洋生态公共服务能力、激发海洋生态创新发展潜能三方面着手，切实提高广东省海洋生态文明治理水平。

（一）深化海洋生态管理方式改革

海洋生态管理方式是指在一定的法律、政策和技术支持下，通过科学合理的管理手段和措施，对海洋生态系统进行保护、修复和合理利用的方法体系，在一定程度上影响着海洋生态文明制度的贯彻落实与海洋生态治理的实践成效。深化海洋生态管理方式改革是海洋生态文明建设的重要组成部分，有助于实现人与自然和谐共生的现代化海洋发展模式。

广东省在深化海洋生态管理方式改革的过程中，有许多成功案例值得借鉴。例如，珠海市以科技为支撑，改革海洋生态环境监测模式，使其向预防与及时控制迈进。珠海市生态环境监测站自2019年以来，依据全市海洋环境监测能力现状，通过建立海洋生态环境监测网络，利用卫星遥感、无人机巡查等现代技术手段，对珠江口等重要海域进行实时监测，及时发现并处理污染事件，有效维护了海洋生态安全，提高了海洋环境管理的科技水平。此外，广东省还积极推动海洋生态文明建设示范区的创建，探索出一系列可复制、可推广的海洋生态管理新模式。如汕头市在自然资源部与广东省自然资源厅的支持下，通过“海上风电+海洋牧场”产业新模式的建设，既促进了海上风电、海洋渔业资源、海洋旅游业的产业集群建设，又发展了海洋经济，实现了生态保护和经济发展的双赢，成为广东省海洋生态管理方式改革的新范式。

长远来看，深化广东省海洋生态管理方式改革，还须久久为功。其一，建构系统合理的管理布局。搭建系统高效的海洋生态管理层级，是深化改革的首要任务。应当整合现有的海洋管理职能，建立起横向到边、纵向到底的管理架构。广东省可以考虑成立海洋生态环境保护局，将分散在不同部门的海洋生态管理职能集中起来，实现资源共享和协调管理。其二，坚持陆海统筹推进的海洋生态管理原则。陆海统筹是建设生态优良海洋的主要抓手，是国家治理体系与治理能力现代化在海洋领域的凸显。海洋生态环境的问题呈现在海洋里，却根源于陆地。因此，必须强化陆海统筹，区域联动。如加强入海河流管理，协同推进入海河流污染防治，在起点与源头上对海洋生态环境加以整治。其三，提升海洋科技管理支撑能力。科技是海洋生态管理的重要支撑。广东省应当加大对海洋生态监测预警技术的研发投入，提高海洋生态管理的精准度，增强时效性。同时，推动海洋生态修复和保护的科技创新，提高生态恢复效率和质量，强化海洋生态管理成效。其四，鼓励公众参与海洋生态管理。公众是海洋生态管理的重要参与者，广东省应当建立健全公众参与机制，通过立法确保公众的知情权、参与权和监督权。鼓励公众通过社会组织、志愿服务等多种形式参与到海洋生态管理保护中来，积聚起建设海洋生态文明的群众力量。

（二）提升海洋生态公共服务能力

海洋生态公共服务是指政府及其相关机构为社会提供的保护海洋生态环境、维护海洋生态平衡、促进海洋资源可持续利用的一系列公共产品和服务。海洋生态公共服务能力涵盖多个方面，包括海洋生态环境监测预警、海洋环境污染防治、海洋生态修复、海洋资源合理利用、海洋科普教育和信息公开等。这些服务能力的优化，是提升海洋生态治理效能、构建海洋生态文明的关键。提升广东省海洋公共服务能力，不仅是切实将海洋生态建设目标和满足人民美好生活需要相结合的必要手段，同时也是广东省推进海洋强省战略、实现绿色发展的重要途径。

近年来，广东省在提升海洋生态公共服务能力方面已进行诸多探索。截至2022年年底，广东省建成国家级海洋公园6个，涉海自然保护区87个，保护面积达4950公顷。[①]广州市通过实施海洋生态环境综合整治工程，大幅度提升了珠江口水域的水质，改善了海洋生态环境。深圳市坚持问题导向，在海洋环境污染防治层面作出良好示范。针对海洋垃圾的处理，深圳市于2020年印发了《关于加强深圳市海洋垃圾清理工作的通知》，构筑了权责明晰、监督有力且主体多元的海洋垃圾清理长效机制，并已连续开展19届“深圳国际海洋清洁日”的相关活动，为改善广东省以及全国的海洋生态环境作出了良好示范。此外，广东省印发实施《珠江口邻近海域综合治理攻坚战实施方案》，坚持河海联动，积极推进珠江口海域美丽海湾建设。实施“一河一策”、挂图作战、专班督导、会商研判，扎实推进珠江口全流域系统治污工作，有效减轻河流入海污染负荷。通过海洋生态环境综合整治，推动了广东省海洋生态整体保护，开创了广东省人海和谐的海洋空间新格局。

提升广东省海洋生态公共服务能力，还须进一步完善布局。其一，强化海洋生态基础设施建设。如构建和完善海洋观测系统，包括浮标、雷达、卫星遥感等设施，以获取精确的海洋生态环境数据；发展先进的海洋生态数据管理平台，运用信息技术如云计算和大数据分析，提升海洋生态数据处理和应用能力。其二，优化海洋生态旅游规划。制订可持续的海洋生态旅游规划，平衡海洋旅游发展与生态保护的关系。开展海洋旅游影响评估研究，监控旅游活动对海洋生态的影响，并提出相应的管理对策。其三，开发海洋生态产品。鼓励开发可持续的海洋产品，如海洋生物制药、海水淡化等，以减少对海洋资源的过度开发。建立海洋产品环保认证机

① 广东省自然资源厅、广东省发展和改革委员会：《广东海洋经济发展报告（2023）》，广东科技出版社2023年版，第34页。

制，引导消费者选择对海洋生态影响较小的产品。其四，开展海洋生态科普教育。设计并实施针对不同年龄段和社会群体的海洋科普教育项目，增强公众的海洋保护意识。鼓励公众参与海洋保护活动，如海滩清洁、观察记录等，增强其社会责任感。其五，推动海洋生态污染治理。加大对海洋污染源的管控力度，实施河口和近岸海域的污染治理工程。将深圳市在污水处理、海洋垃圾清理方面的积极实践，作为广东省提高海洋环境质量的范本。其六，提供相关学术研究与支持。鼓励跨学科研究，整合生态学、化学等其他学科的研究成果，为广东省海洋生态公共服务提供科学依据；并定期对海洋生态公共服务政策进行评估，分析政策效果，及时调整和完善。

（三）激发海洋生态创新发展潜能

随着全球经济一体化和绿色发展理念的深入人心，如何在保护海洋生态环境的同时实现经济的持续发展，是当前广东省面临的的重大课题。激发广东省海洋生态创新发展潜能，既是挑战也是机遇。广东省海洋经济总量长期位居全国前列，但海洋生态环境保护压力巨大。根据《广东省统计年鉴》，近年来广东省海洋生态环境面临的主要问题包括海洋污染、生物多样性减少、海岸线侵蚀、海洋资源过度开发等。激发广东省海洋生态创新发展潜能，对于实现海洋经济可持续发展、构建海洋生态文明具有重要意义。这不仅有助于提升广东省在全球海洋经济中的竞争力，而且对于维护生态平衡、保障食品安全、促进社会和谐具有深远影响。

广东省在激发海洋生态创新发展潜能方面已经有许多值得借鉴的经验，其中珠海市的现代海洋生态产业链尤为突出。珠海市充分利用其地理优势，以“向海图强”为发展口号，贯彻海洋强省建设战略，大力统筹涉海资源，已形成现代化的海洋产业链。珠海市长琴岛是国内首个采取

“公益+旅游”开发模式的无居民海岛，它侧重以海岛生态修复为重点、以适度旅游开发为导向，并将国际音乐休闲作为其主题定位，打造了集环保、休闲、教育于一体的海岛综合体，成为推动海洋生态创新发展的新范式。珠海市的成功范式是激发海洋生态创新发展潜能的有效之举，值得全省推广借鉴。同时，广东省积极推进深圳前海、珠海横琴、汕头南澳以及中山翠亨、神湾等第一批“碳达峰”“碳中和”试点示范建设，探索打造“双碳”样板，推动海洋生态价值实现、绿色低碳转型和海洋新能源产业发展。

就全省而言，充分激发海洋生态创新发展潜能，可从以下几个方面展开。其一，加强海洋生态科技创新。“科技立则民族立，科技强则国家强。”[①]科技创新是建设海洋强省的根本动力。广东省应加大对海洋生态科技研发的投入，推动海洋科技成果转化。其二，建立海洋生态创新体系。整合海洋学、信息科学等多学科力量，建立综合性研究平台，促进海洋科学与技术的交叉创新。鼓励高校、科研机构与企业合作，形成产学研一体化的创新链，加速科研成果的产业化。其三，推动海洋生态产业结构调整。优化海洋产业结构，发展海洋生态农业、海洋生物医药、海洋新能源等新兴产业，提升海洋生态产业的附加值和竞争力。其四，加大海洋生态研发投入。政府应增加对海洋生态创新领域的财政投入，并通过税收优惠、资金补贴等方式激励企业投入研发。还可设立海洋生态创新基金，吸引风险投资，为创新项目提供资金支持，降低创新风险。其五，强化海洋生态人才培养与引进。高校和科研机构应开设海洋科学与技术相关专业，培养具有创新能力的专业人才。实施更为开放的人才引进政策，鼓励国际人才在广东省从事海洋生态创新工作。其六，优化海洋生态创新环境。从

① 《习近平谈治国理政》第4卷，外文出版社2022年版，第197页。

知识产权保护层面完善知识产权法律体系，鼓励原创性研究和技术开发。在社会各界推广创新文化，加强公众对海洋生态创新重要性的认识和支持。其七，推动海洋生态科技成果转化。建立科技成果转化平台，提供技术展示、交流、转让等服务，加速科技成果的市场应用。设立海洋生态创新示范项目和孵化器，为创新型企业提供试验场所和发展空间，并促进其成果得到进一步推广应用。

三 强化海洋生态文明建构意识

强化海洋生态文明建构意识既是建设海洋强省的重要保证，也是实现海洋生态优良的内在要求。完善对海洋生态环境的保护，落实美丽中国战略目标，必须依靠人民群众的积极参与。因此，相关部门必须积极引导公众投身于海洋生态保护事业，让公众意识到海洋生态文明建设的意义，这样全民参与的海洋强省战略才能全方位、多层次地系统展开。

（一）加大海洋生态媒体宣传力度

媒介平台的不断发展，拓宽了保护海洋生态的渠道，为保护海洋生态带来了全新契机。当前的媒体宣传不仅是一种隐蔽性极强的宣传方式，而且基于现代网络信息技术，其效果可以远远超越传统宣传，[①]对其充分运用是强化公众海洋生态文明建构意识的有效手段。通过媒体宣传，一方面可以有效普及海洋生态知识，提高公众对海洋生态保护的认识和参与度，形成全社会保护海洋生态的共识，另一方面可以调动政府、企业、社会组

① 汤景泰、姚春：《计算宣传与社交媒体平台中的舆论操纵》，《探索与争鸣》2022年第11期。

织和公众共同参与海洋生态保护的积极性。同时，加大海洋生态媒体宣传力度，可以提高国民对蓝色国土以及海洋开发战略重要性的认知，增进其对建设海洋强国战略目标和战略思想的理解，增强其对海洋可持续开发和循环海洋经济的认识。[①]广东省应持续发挥海洋生态媒体宣传效用，创新媒体宣传方式，加强宣传内容的影响力，形成全社会关注和保护海洋生态环境的良好氛围。

以广东省海洋生态宣传实践为例，可以看到加大媒体宣传力度所取得的成效。如广东省环境保护厅联合多家媒体开展的“蓝色行动”系列活动，通过媒体报道、专题讨论和现场直播等方式，既有效加强了公众对海洋垃圾治理的认识，还吸引了不同年龄阶段和不同社会群体参与。此外，广州市作为海上丝绸之路的起点城市，举办了“海洋科普展”“海洋电影节”“广州海洋周”等系列活动。以“广州海洋周”活动为例，活动时间从2023年11月3日持续到2023年11月7日，采取线上线下相结合的媒体宣传方式，打造出了一场既具大众性又具专业性的海洋盛典，不仅得到广大市民的大力支持，同时增强了公众对海洋生态保护的兴趣，提高其参与度，在海洋生态知识科普层面取得良好反响。

可见，加大海洋生态媒体宣传力度是广东省强化海洋生态文明建构意识的有效之举，需要一以贯之。其一，要对多元化媒体平台进行充分利用。利用电视、广播、报纸、网络等多种媒体平台，开展形式多样的海洋生态保护宣传活动。其二，要打造特色海洋生态宣传品牌，广东省可创建专门的海洋生态宣传栏目或节目，如“蓝色广东”“海洋之声”等，增强海洋生态宣传的品牌效应。其三，积极开展主题性宣传活动。比如，定期举办“海洋生态节”“海洋生态周”等主题活动，增强宣传的趣味性和互

① 白天依：《实施海洋强国战略必须加强海洋开发能力建设》，《中州学刊》2019年第4期。

动性。其四，强化新媒体宣传渠道。利用微博、微信、抖音等新媒体平台，推广海洋生态保护的知识和理念，促进海洋生态保护理念下沉至群众日常生活之中。其五，培养专业的海洋生态宣传队伍。加强对媒体从业人员的海洋生态教育培训，提升其专业素养和宣传能力。其六，推动区域联动宣传。在粤港澳大湾区、粤桂琼、粤闽等区域框架内，联合开展各类海洋生态宣传相关活动，推动海洋生态宣传的区域整合和协同发展。

（二）开展海洋生态社会公益活动

海洋生态社会公益活动是指社会各界自发组织的、旨在保护和改善海洋生态环境、增强公众环保意识的非营利性活动。开展海洋生态社会公益活动是提高公众参与度、推动海洋生态保护的有效途径。通过社会公益活动，可以增强公众的海洋环保意识，促进公众、企业和政府共同参与到海洋生态保护中来。这些活动包括但不限于海洋环境清洁行动、海洋科普教育、海洋环保主题宣传、海洋生态志愿服务等。通过政府、社会组织、企业和公众的共同努力，广东省的海洋生态保护工作将取得更大的进展，为建设美丽中国贡献“广东力量”。

广东省此前已积极开展相关海洋生态公益活动，如广东省自然资源厅联合各级政府和社会组织，定期开展“蓝色海洋”清洁行动，动员社会各界人士参与海滩和海底垃圾清理活动，有效减少了海洋垃圾对生态环境的影响。广州市多所高校和研究机构联合举办“海洋科普月”，以讲座、展览、实地考察等形式，切实加强公众对海洋生态保护的认识。珠海市政府与企业合作，开展“绿色海湾”项目，通过企业赞助和志愿者参与，对受损的红树林生态系统进行修复，取得了良好的生态和社会效益。深圳市举办“海洋生态环保嘉年华”展现公益力量，基于“10+N”项海洋活动的开展，全方位展现了深圳市在海洋城市建设中的多元创意。这些海洋生态公益活动的开展，能够让环保低碳的生活方式逐步成为个体的行动自觉，对海洋强省建设有着强大的社会凝聚效用。

基于此，必须认识到开展海洋生态社会公益活动，需要充分发挥政府、企业、公众的积极作用，鼓励社会公共领域的各类机构积极展开相关自发性的海洋生态公益活动。在推进过程中，其一，须加强海洋生态公益活动的组织领导。建立由政府主导、社会组织和企业积极参与的海洋生态社会公益活动组织体系，明确职责分工，确保活动的有效开展。其二，制订海洋生态社会公益活动专项计划。锚定海洋生态社会公益活动的年度计划和长远规划，设定活动目标、主题、形式和预期成效，确保活动的系统性和连续性。其三，拓展海洋生态社会公益活动内容。创新公益活动的形式和内容，如开展海洋环境监测公益项目、海洋生态修复志愿行动、海洋生态文化节等，丰富公众参与的渠道。其四，培育海洋生态社会公益组织。支持和鼓励社会组织参与海洋生态公益活动，提供政策和资金支持，打造一批专注于广东省海洋生态保护的社会队伍。其五，落实海洋生态社会公益活动的企业责任。鼓励企业履行社会责任，积极参与海洋生态公益活动，通过企业社会责任项目投入，进一步支持海洋生态保护工作。

（三）培育海洋生态专业人才队伍

海洋生态专业人才队伍是指具备海洋生态保护、管理、科研、教育等方面知识和技能的人才集合。这些人才不仅需要掌握海洋生物、海洋环境、海洋资源等专业知识，还应具备跨学科的综合素养，能在海洋生态保护和海洋经济发展中发挥关键作用。基于对广东省海洋发展实际状况的考量，亟须进行海洋生态专业人才队伍的培育。一方面，广东省海洋生态环境正面临严峻挑战。经济快速发展，海洋环境污染、生物多样性减少等问题日益突出，需要专业人才对其进行科学研究和有效管理。另一方面，基于战略发展的需要。从建设海洋强省的战略目标出发，迫切要求一支高水平的海洋生态专业人才队伍来保障目标的顺利推进。因此，培育海洋生态专业人才队伍是广东省实现海洋可持续发展的关键。以加强教育培养、完善人才体系、建立合作平台、引进高层次人才等措施为抓手，可为海洋生态文明建设和海洋强省建设提供坚实的人才支撑。

广东省已在培育海洋生态专业人才队伍方面作出积极探索，如广东海洋大学作为广东省海洋学科的重点建设高校，通过设立海洋科学与工程学院，培养了大批海洋生态保护、管理和科研方面的专业人才。广东省海洋与渔业局与高校合作，共同建立海洋生态研究中心，为专业人才提供科研和实践平台。深圳市政府引进国际海洋科学研究团队，设立深海科学研究院，推动深海人才培养和科学研究。湛江市雷州“扬帆计划”，旨在培养专业的海洋人才，从2022年至今，雷州新增高层次海洋人才60名，进站入库专家已超600名。[①]汕尾市聚焦自身“山海湖城”的城市定位，为吸引海洋人才发挥政策优势，制订了相应的“汕尾市红海扬帆计划”。

针对广东省建设海洋强省的紧迫需求，培育海洋生态专业人才队伍，还可从以下几个维度发力。其一，完善与创新教育体系。在高等教育机构中设置海洋生态相关专业，并不断更新课程内容，以适应行业发展的新需求。开展海洋生态实验、田野调查、实习实训等环节，提供真实情境下的学习体验，增强学生的实际操作能力。其二，培养跨学科综合型人才。开展跨学科的教育项目，如海洋科学与环境工程、生物技术、海洋法律等，培养学生的综合素养。与科研机构、企业合作，实施联合培养计划，在学术界和产业界之间建立联系。其三，加强人才引进与国际交流。通过高层次人才引进计划，吸引国内外海洋生态领域的顶尖专家和学者。鼓励相关

---

① 《雷州打造高层次人才“强磁场”，海洋产业引来院士工作站》，《南方日报》2023年10月24日。

工作人员参与国际交流项目，如海外留学、国际会议、联合研究等。其四，推进持续教育与职业培训。为在职人员提供继续教育课程，更新其知识结构和技能。开设针对特定海洋生态领域的职业技术培训，提升从业人员的专业技能。其五，建构科研平台与创新团队。建立海洋生态研究平台，为人才提供科研实践的场所。组建跨学科的创新团队，集聚各领域专家共同研究海洋生态问题。其六，提供政策支持与激励机制。设立奖学金和研究资助，鼓励学生和研究人员在海洋生态领域取得突出成就。为海洋生态专业人才提供明确的职业发展路径和晋升机制，提升职业吸引力。

四　加强海洋生态文明国际交流

习近平总书记在《生物多样性公约》第十五次缔约方大会领导人峰会上指出："生态文明是人类文明发展的历史趋势。让我们携起手来，秉持生态文明理念，站在为子孙后代负责的高度，共同构建地球生命共同体，共同建设清洁美丽的世界！"[①]呼吁要以国际社会共同合作为基础，构建地球生命共同体。海洋的公共性与海洋环境的复杂性决定了海洋生态的保护无法依靠单一国家或地区来完成，广东省海洋生态文明建设同样需要加强国家、地区间的交流互动，协同推进。

（一）形成海洋生态国际交流共识

随着全球化的纵深发展，海洋生态问题已经成为全球共同关注的议题。作为中国沿海经济发展的前沿，广东省在推动形成海洋生态国际交流

① 《共同构建地球生命共同体》，《人民日报》2021年10月13日。

共识方面扮演着不可替代的角色。同时，海洋生态国际交流共识的形成，对于广东省在国际上树立海洋生态保护的良好形象、为全球海洋生态文明建设作出积极贡献等方面均有重要价值意义。

当下，由于国家间信息不对称、利益诉求不一致等缘由，海洋生态建设的合作交流方式存在一定阻碍，基于此，达成海洋生态国际交流共识是加强海洋生态文明国际交流的题中应有之义。海洋生态国家交流共识是海洋生态文明建设国际交流的行为准则，针对当前海洋生态存在的问题，需要达成如下共识。其一，形成认识共识，即国际社会对海洋生态问题的重视程度和解决问题的紧迫性达成共识。其二，形成目标共识，要明确海洋生态保护和可持续发展的共同目标，指明国际合作方向。其三，形成行动共识，要求在具体的海洋生态保护行动和政策措施上形成一致，推动实际的国际合作。其四，形成责任共识，各国根据自身能力和责任承担相应的海洋生态保护义务，形成公平合理的国际分工。

在达成“思想共识”的基础上，还必须将其落实到具体的行动之中，借以达成“实践共识”。其一，定期举办国际海洋生态论坛和会议。开展国际海洋生态论坛、研讨会等活动，为各国专家学者和政策制定者提供交流平台，共同探讨海洋生态保护的最新进展和挑战。其二，推动国际海洋生态保护项目合作。与国际组织和其他国家合作，共同开展海洋生态保护项目，如海洋垃圾治理、珊瑚礁保护等，切实提升海洋生态系统的恢复能力。其三，建立国际海洋生态科技合作机制。与国际伙伴共享海洋生态科技研究成果，共同开展海洋科学研究和技术开发。积极展开与其他国家或地区海洋研究机构的合作交流，协商研究提升海洋生态系统技术。其四，推进海洋生态教育和文化交流。在国际上宣传海洋生态保护的重要性，通过文化交流活动增强公众对海洋生态问题的认识。可推出包含国际海洋生态电影展等系列活动，促进海洋生态文化的国际传播。其五，参与国际海洋生态治理体系建设。积极参与国际海洋生态治理体系的建设，推动国际海洋生态法律法规的完善和实施，凸显广东省在全球海洋生态治理体系中的重要地位。

（二）打造海洋生态国际交流平台

海洋生态国际交流平台是进行海洋生态国际探讨和接受国际反馈的载体与渠道，丰富多元的国际交流平台对于构建海洋生态文明具有重要价值意义。在全球化和生态文明建设背景下，广东省致力于打造海洋生态国际交流平台，旨在促进海洋生态文明理念的国际交流与合作，推动绿色发展，加强海洋生态环境保护，并提升广东省在全球海洋生态治理中的影响力。

在搭建海洋生态国际交流平台维度方面，广东省已率先作出尝试：其一，发展海洋生态国际教育与培训合作。通过设立海洋生态保护的国际研修班和工作坊，为国际从业者提供培训和交流的机会。如广东海洋大学与多国海洋研究机构合作，为学生和研究人员提供海洋生态保护方面的国际研究生项目。其二，推广海洋生态国际标准与认证。依据国际海洋生态保护标准，广东省海洋企业积极参与"海洋管理委员会"（Marine Stewardship Council，MSC）的可持续海产品认证，进一步提升广东省海洋产品的国际竞争力。其三，利用现代信息技术构建虚拟交流平台。广东省以网络、社交媒体为基础，建立了"海洋生态在线"平台，为国际社会提供了一个实时的海洋生态信息和资源共享的网络空间。

当然，广东省在打造海洋生态国际交流平台方面还存在一定的挑战，需要积极应对。一方面，需要广东省发挥自身优势，开展"特色交流""主场交流"。所谓"特色交流"，即在特定场景下开展有别于传统交流活动的"二轨"交流活动，如网络交流、人民交流等。所谓"主场交流"，即以东道主身份发起国际会议或国际活动的交流活动，如"广东国际海洋生态环境保护论坛”。开展“特色交流”“主场交流”不仅可以充分反映广东省在治理海洋生态中的问题与难点，还可以传递中国话语、塑造中国形象，对于海洋生态文明建构、增进国际社会对中国话语的理解和认同均有积极效用。由此，广东省应把握机会，发挥自身地理优势和经济优势，着力打造海洋生态国际“特色交流”“主场交流”平台。具体而言，其一，要把握住和其他地区、国家共同举办国际海洋生态论坛或峰会等交流活动的机会，彼此进行海洋生态文明交流，展示“广东力量”。其二，要积极主动争取自己主办海洋生态国际交流的机会，加强与其他地区、国家的沟通与合作，并在相关活动上传递“广东经验”。其三，要参与到海洋生态国际组织建构中，提高广东省在其中的发言比重，积极传递“广东话语”。其四，要抓住制定、修改及完善海洋生态国际交流机制的契机，力图在此过程中融入“广东主张”。其五，要建立在线国际生态交流平台，提供虚拟会议、远程教育和数据共享服务，为全球海洋生态文明建构贡献“广东力量”。

另一方面，以海洋生态国际交流平台为中介，搭建周边海洋生态命运共同体平台。其一，广东省需要建构周边地区国际交流平台，比如亚太海洋生态国际交流组织，借助这些组织积极发出“广东之声”，传播“广东话语”。其二，广东省应积极进行周边各类双边或多边海洋生态合作机制建设，在此框架下与周边地区共同践行相关倡议和构思，将广东省的辐射效应进一步投射放大。其三，广东省应加强与世界环保组织、联合国环境规划署、绿色和平组织等重要国际组织的合作，通过深化组织联通来寻求搭建周边海洋生命共同体平台的资源和机遇。其四，广东省要主动参与到周边海洋生态国家话语规则的制定与实施之中，通过周边海洋生态国际话语的建构，为广东省海洋生态优良建设争取更多有利条件与有益规则。

（三）参与海洋生态国际交流合作

海洋不仅是国家战略资源，更是国际竞合关系与交往场域的关键领地。交流合作是人类社会得以不断延续的重要缘由。通过国际交流合作可以学习各个国家、各个民族的文化底蕴，加强对彼此的认识和了解，增进包容与尊重。全球化时代，交流合作是各国发展的前提。习近平总书记强调，“中国政府愿同相关国家加强沟通和合作，共同维护海上航行自由和通道安全，构建和平安宁、合作共赢的海洋秩序”[①]。可见，建构优良的海洋生态，需要以开放理念进行引领，强化国际交流合作。在处理海洋生态问题时，应秉持共同体意识，将地区利益与整体利益相统一，摒弃意识形态的差异与对立，以开放包容的心态积极处理应对。

目前，广东省正积极参与海洋生态国际交流合作。在参与多边和双边海洋生态保护项目层面，与国际组织和邻近国家合作，共同推进区域海洋环境保护和可持续利用。如珊瑚礁保护、海洋污染治理、渔业资源管理等项目。在展开科研合作与交流层面，广东省的高等学府和科研机构与国际同行建立了广泛的科研合作关系。这些合作通常包括联合研究项目、学术交流、学者访问和国际会议等，如广东海洋大学与俄罗斯圣彼得堡国立海洋技术大学合作举办的中外合作办学机构——广东海洋大学圣彼得堡船舶与海洋技术学院。

环境污染、资源短缺等生态问题导致经济社会发展放缓，在新的发展阶段上，必须深刻意识到良好的海洋生态对于人类社会持续稳定发展的重要性。海洋生态危机是全球生态发展面临的共同挑战，基于此，积极参与海洋生态国际交流合作，是广东省建设海洋强省与生态现代化的必然之

① 《携手追寻中澳发展梦想 并肩实现地区繁荣稳定》，《人民日报》2014年11月18日。

举。其一，以积极履行海洋生态国际公约的责任与义务为前提，贯彻落实《联合国海洋公约》的相关条例，严守海洋污染防治底线，保护和改善海洋生态环境，维护海洋生态平衡。坚持共同但又相互区别的责任原则，为全球海洋生态环境治理贡献“广东智慧”，与其他国家或地区共创清洁美丽的世界。其二，不断拓宽与国际社会的海洋生态交流合作领域。与海洋事业发展较好的先行示范地进行沟通学习，汲取其成功经验，借鉴其先进管理制度和有效的保护措施。共同开发海洋生态高新科技，为广东省海洋生态现代化提供实质助力与有益资源。其三，推进海洋生态“一带一路”建设，规避海洋生态风险，强化国际蓝色开发与合作。持续落实《“一带一路”建设海上合作设想》，积极完善同“21世纪海上丝绸之路”相关国家的对话合作机制。[①]在具体践行过程之中，持续发挥海洋生态环保大数据平台与“一带一路”蓝色发展国际联盟的效用，推进与相关国家在海洋生态建设维度的探讨，实现广东省与沿线国际社会的蓝色友好发展。“开放带来进步，封闭导致落后，这已为世界和我国发展实践所证明。”[②]在海洋生态保护维度，广东省将以开放包容的心态积极应对，利用国际舞台将海洋强省事业向纵深推进。

① 《以建设海洋强国新作为推进中国式现代化》，《学习时报》2023年9月22日。

② 习近平：《论坚持全面深化改革》，中央文献出版社2018年版，第144页。

第六章

海洋文化先进：营造缤纷多彩的优质海洋生活

从古至今，广东省就有“粤海”“领海”之称，凭海而立、因海而兴是广东省发展的重要特征，广东省的繁荣兴盛与海洋的开发与建设密切相关，善于发掘海洋、利用海洋，勇于走向海洋是广东省又快又好发展的成功密钥。其中，丰富先进的海洋文化是广东省最宝贵的精神财富，是广东省海洋开发与建设的思想精髓，是广东省繁荣发展的坚实基石，是指引广东省海洋强省建设的重要助推器。广东省海洋文化强省的建设离不开先进的海洋文化，必须深入挖掘海洋文化，扎实推进海洋文化建设。

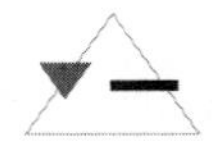

一　做好海洋文化顶层设计

习近平总书记强调：“进行顶层设计，需要深刻洞察世界发展大势，准确把握人民群众的共同愿望，深入探索经济社会发展规律，使制定的规划和政策体系体现时代性、把握规律性、富于创造性，做到远近结合、上下贯通、内容协调。”[①]广东省在进行海洋文化顶层设计时，要立足于人民群众对精神文化的需求，准确把握海洋文化发展规律，继承和发扬中华海洋文化精神，做好海洋文化规划和政策的制定工作。

（一）传承中华海洋文化精神

黑格尔在《历史哲学》中指出，“中国、印度、巴比伦都已经进展到了这种耕地的地位。但占有这些耕地的人民既然闭关自守，并没有分享

① 习近平：《推进中国式现代化需要处理好若干重大关系》，《求是》2023年第19期。

海洋所赋予的文明”[1]。这一观点禁锢着人们的思想与看法，但事实上，中国是一个陆海双构的国家，中华文明是大陆文明和海洋文明的统一体。无论是地理位置还是历史事实，都证明了中国是一个海洋文化大国。从地理位置来看，中国海洋面积辽阔，拥有渤海、黄海、东海、南海等诸多海域，且诸多省份环海、涉海建设与发展，并不断培育着中国海洋文化。从历史事实来看，古代中国拥有悠久的造船技术和航海技术，重视海洋的“鱼盐之利”“舟楫之便”，分别有法显、玄奘、义净、郑和、徐福、朱应、康泰、常骏、鉴真、汪大渊等航海先辈，推动着中国海洋文化的交流、传播与发展。这些都充分证明了中国不仅拥有内陆文化，也拥有丰富多彩的海洋文化。

对中国海洋文化进行分析与考究会发现，中国的海洋文化提倡和平包容、开拓探索、百折不挠、亲海敬洋等发展精神与理念，无任何侵略性、进攻性、奴役性。例如，郑和等航海先辈所到之处带去的是中国的茶叶、瓷器、丝绸、文化等，没有侵略、没有掠夺，只有相互的贸易往来、文化交流，体现了“协和万邦、四海一家”的海洋文化精神。以海为生的中华先民东夷族、百越族长期与海浪打交道，不畏风险、刚毅拼搏、知难而进，体现了“百折不挠”的海洋文化精神。此外，中国海洋文化精神讲求人海和谐、祭海谢洋、亲海敬洋，并从夏商开始就有亲王祭海等文化现象。

和平包容、开拓探索、百折不挠、亲海敬洋的中华海洋文化精神是中国海洋文化发展的历史凝结，是中国海洋文化基因的内在表达，是指引中国海洋建设的重要内驱力，必须接续发扬与传承。广东省海洋强省的建设与发展离不开中华海洋文化精神的加持与引领，应将中华海洋文化精神融

① 黑格尔：《历史哲学》，王造时译，上海书店出版社2006年版，第94页。

入广东省海洋建设的产业、科技、生态、治理等多个方面，助力海洋强省建设，打造一个和平合作、开放包容、开拓创新的海洋广东。

（二）制订广东特色海洋文化建设规划

海洋文化建设规划是广东省海洋强省建设的重要支点。规划是指组织制订的一套较为全面且长远的发展计划，它提供了宏观层面的战略指导方向。[①]随着海洋工业文明时代的到来，海洋的作用愈发凸显。为应对这一发展趋势，广东省作为海洋大省有必要制订海洋文化建设规划，以促进自身发展和满足国家建设之需。

一方面，广东省海洋文化建设规划应追根溯源，明确其根本之处。从历史文化基础来看，广东省海洋文化的形成离不开南越族的实践探索和文化积累。南越族依海为生，为获取生产资料，以海为田，将舟作为交通工具，进行着耕海和经商行动，形成了以船文化为主要特征的海洋文化，积极探索、不懈进取、商品意识是广东省海洋文化的原始形态，是广东省文化的重要内核。这一文化形态形塑着早期广东省人民的文化性格、思想意识、价值观念、信仰习俗、行为方式。此外，广东省海洋文化的形成离不开与各民族文化的融合。广东省因海上丝绸之路和东西学互渐的影响，不断吸收和汲取了周边文化、中原文化、东南亚文化和西方文化，丰富了广东省海洋文化的内涵，形成了更加多元化的海洋文化。海洋文化建设规划是一个总体性的规划，必须了解广东省海洋文化的根基和源头，规划才能有根有魂，才能有的放矢、行稳致远。另一方面，从当今广东省海洋文化建设来看，制订广东省特色海洋文化建设规划要与当今实际情况相结合。海洋文化建设规划并不是空中楼阁式的发展，只有立足实际，才能更好地

① 耿达、田欣：《公共文化服务规划的理论建构与实践逻辑》，《图书馆》2021年第11期。

发挥出海洋文化建设规划的最大作用和效力。广东省海洋文化建设规划应结合海洋文化资源的开发与保护、海洋文化产业、海洋文化市场体系、海洋文化公共服务、海洋文化传播交流等方面内容进行规划。同时，广东省要以水域文化为桥梁和纽带，借助粤港澳大湾区、泛珠三角地区等场域，主动联系不同海洋省份，实行区域性的交流与合作，形成海洋文化城市群和区域群，将这种区域性海洋文化建设纳入特色海洋文化建设规划中。此外，广东省海洋文化建设规划要放宽视野，具有世界眼光。海洋文化建设规划应包含海洋文化对外交流的国际性的发展规划，在继承发扬海洋文化优秀传统的基础上，开拓进取，创新发展，积极吸取国外海洋文化建设经验，推进广东省海洋文化建设创造性转化和创新性发展，不断丰富广东省海洋文化内涵，使规划更为全面、更具长远性。

（三）制定广东海洋文化政策

政策是国家或政党为实现一定阶段的目标而制定的行动方案，从微观层面上指明了未来的行动准则，是规划的实施途径。[①]规划的目标需要政策来实现，政策是规划的重要实施途径。政策的制定要紧密与规划相配合、相统一；同时政策应与实践措施相联系，从实践中总结经验。

广东省海洋文化政策的制定要与广东省海洋建设与发展的规划要求相契合。制定广东省海洋文化政策要紧密联系《海洋强省建设三年行动方案（2023—2025）》《广东省海洋经济“十四五”发展规划》等政策中对海洋文化建设的要求，使制定的海洋文化政策同广东省海洋强省建设和未来发展方向相统一。如《广东省海洋经济“十四五”发展规划》提出，要充分挖掘海洋文化资源价值，大力弘扬南海海洋文化，培育海洋文化产业，

① 耿达、田欣：《公共文化服务规划的理论建构与实践逻辑》，《图书馆》2021年第11期。

提升海洋文化影响力；并对海洋文化意识宣传教育、海洋文化设施建设、海洋文旅等方面作出了要求。广东省海洋文化相关政策内容的制定，要根据广东省海洋强省建设的规划意见对海洋文化产业、海洋文化公共服务、海洋文化传播等政策进行制定和完善。

广东省海洋文化政策的制定要与广东省海洋文化的建设实践与发展需求相联系。当下，广东省提出文化强省、海洋强省的建设战略，也将海洋文化建设视为战略的重要内容。广东省海洋文化彰显的开放、坚韧、包容、求索、大胆的精神风貌，指引着广东省海洋强省和文化强省的建设，这推动着广东省海洋文化政策的制定与广东省文化强省和海洋强省建设相统一，充分发挥出广东省海洋文化的独特优势，不断助力广东省经济社会的发展。此外，人民对美好生活的向往映衬出文化领域发展不平衡不充分的问题，应着力于建设多样化、优质化、惠民化的海洋文化，从建设实践中汲取经验，制定和规划海洋文化政策。一是对文化产业和文化事业的实践探索。广东省持续推进海洋文化遗产资源、海洋文化创意产业、海洋文化产业集群化以及海洋文化博物馆、展览馆、文化馆等文化事业的建设，立足于人民群众对海洋文化的需求。广东省海洋文化政策的制定要从海洋文化产业和海洋文化事业的发展实践中总结经验，树立海洋文化产业和海洋文化事业的发展目标，为政策制定做好基础。二是对海洋文化公共服务的实践探索。广东省持续推进海洋文化基础设施、海洋文化主题活动、海洋文化产学研合作模式等方面的建设，在完善广东省海洋文化公共服务体系，提高公共服务水平的实践中汲取经验，为海洋文化政策方针的制定作铺垫。三是对加快构建海洋文化传播体系的实践探索。广东省应持续推进海洋文化主流媒体宣传体系、自媒体海洋文化传播体系、海洋文化国际话语体系、海洋文化与“一带一路”接轨融合体系的建设，立足国内宣传国际传播视野，探索海洋文化传播体系，不断推进海洋文化政策的形成与发展。

二　打造高质量海洋文化产业

海洋文化产业是广东省海洋文化“软实力”的主要支撑，是广东省海洋强省建设不可或缺的部分。深入挖掘和开发广东省海洋文化遗产资源，加快广东省海洋文化与创意融合，推进海洋文化产业迈向集群化，逐步打造高质量海洋文化产业。

（一）充分挖掘海洋文化遗产资源

海洋文化遗产具有独具特色的话语力量和魅力，是追溯历史和传奇事件的重要载体。海洋文化遗产是中华海洋文明史的内容碎片，通过对其进行修整、梳理和考量，能够了解大量关于中华海洋文明的内容。海洋文化遗产包括各种遗迹、遗址、遗存等，是探寻社会演变与发展不可缺少的重要资源，涉及造船技艺、航运路线、古代科技、人口迁移、贸易行为等多方面内容，具有丰富的经济、政治、文化、历史、艺术和科学价值。

对广东省海洋文化遗产资源的挖掘与探索，要与考古类、历史类、海洋工程与技术类、海洋环境与资源类等专业人士和团队相配合，运用遥感、声学、磁学等各种勘测技术和装备进行聚落遗址和遗迹、水下沉船、水下遗迹的探测和保护应用。同时，利用好博物馆、展览馆、遗址公园等空间载体和3D数字技术、AR技术、VR技术、光影视听空间等科学技术，全方位、多层次地展示海洋文化遗产，不断让海洋文化遗产活起来。

一是对聚落遗址和遗迹的考察。聚落遗址是广东省海洋文化遗产的重要表征，是广东省海洋文化的缩影。对聚落遗址的考察是深入理解广东省海洋文化的重要视角。对此，考古学界作出了颇多努力，也取得了一定成果。如在广州地区发掘的南越国墓葬与城市遗址，出土了大量有关海上交通和贸易的珍贵遗物。结合文献资料，深入挖掘和开发这些聚落遗址和遗迹，全面展示广东省海洋文化实物资料，丰富广东省海洋文化内涵。

二是对水下遗存的考察。探查和研究海洋沉船是充分挖掘海洋文化遗产资源的具象化内容，是了解海洋文化的重要载体。这为海洋文化遗产的展示和挖掘打开了视角、开辟了路径。“南海Ⅰ号”“南澳Ⅰ号”的发掘与开发是海洋文化遗产的重大发现。“南海Ⅰ号”“南澳Ⅰ号”作为有形的物质文化遗产，它们的发现，意义不仅仅在于发掘了数以万计的稀世珍宝，更重要的是这些珍宝代表的是中国古代海洋文明，是中国古代海洋文明的再现。2009年，广东海上丝绸之路博物馆在广东省阳江海陵岛落成。2010年南澳海防史博物馆特别设置了“南澳Ⅰ号”出水文物展厅，并利用AR技术、VR技术等科学技术“激活”文物，模拟再现海洋航运和贸易场景，这对研究我国海洋贸易、航海史等海洋文明具有重大意义。接下来要加大对“南海Ⅰ号”“南澳Ⅰ号”海洋文化遗迹所蕴含的文化资源的挖掘力度，探寻其中的中国古代海洋文化与文明。

此外，除了进一步深入挖掘与研究已探察的广东省海洋文化遗产，还需要进一步探察未被发现的广东省海洋文化遗产，这是一个长期的任务，是打造广东省精品海洋文化产业不可或缺的内容，是探寻查究广东省海洋文化发展史必要的过程，必须持之以恒地深入研究。

（二）做大做强海洋文化创意产业

文化创意产业是指以创意为核心的市场驱动型的高技术行业，依托于其中文化资源的开发、促进、创新和传播。包括电影、录音、活动策划、数字内容、广播、游戏、出版物等各个行业，以及文化旅游、景观、博物馆、文化遗产保护和多样化方式的艺术表演等。[①]文化创意产业是一种集文化、创新、资源等要素融合发展的新型发展产业。海洋文化创意产业是以海洋文化资源为根本，在海洋传统产业基础上，结合数字技术、文艺创作、旅游业，等等，创新发展出一系列海洋文化创意新兴产业。海洋文化创意产业是打造海洋精品产业文化的独特内容，它不仅能够展现海洋文化产业的创新性，而且对经济和文化的繁荣发展具有重要的推动作用。

广东省在海洋文化创意产业方面必须下功夫，要紧跟时代发展，在继承创新中发展海洋文化产业。

其一，要做好海洋文化创意产业顶层规划。首先，要立足于广东省长期积淀发展的海洋文化特质，结合海洋文化产业时代发展需求，确立海洋文化创意产业的目标和领域。其次，要结合国家海洋强国和文化强省、海洋强省的发展规划，寻找与其规划相关联的内容，确立与完善海洋文化创意产业的新起点和新方向。最后，要加强与不同行业协会的交流与合作，如新闻媒体、影视演艺、电商、动漫等行业，逐步建立和完善海洋文化创意产业。如广东省委网信办主办的“向海图强看广东”大型网络主题宣传活动媒体团走进阳江，通过新闻媒体记录和参观广东海上丝绸之路博物馆，切身感受了“海上丝绸之路”的魅力。通过多媒体的方式将广东海洋文化的发展历程展现了出来，这为人们了解海洋文化打开了新的窗口。

其二，建立海洋文化创意产业发展机制。首先，积极推进政府部门和高校、文化企业、社会各类文化组织与团体的协同合作，创造更多不同形式、富有新意且体现海洋文化的海洋文化创意产业。其次，要紧紧抓住网络化、数字化和信息化等现代科学技术，助推文化与科技深度融合，用先进科技多层次展现海洋文化，建立智慧化海洋文化创意产业理念，培育出

① 沈小虎：《新时代背景下文化创意产业的竞争力研究》，《市场周刊》2023年第10期。

更多优质多彩的海洋文化创意产业。如广东海上丝绸之路博物馆通过VR科技、互动投影、三维技术等虚实结合的手段，创新了海洋文化传播途径，丰富了参观者与历史的对话体验。最后，要深入推进海洋文化创意产业与旅游产业相结合。一是要将特色性的海洋旅游景观与海洋文化资源相结合，合理开发与利用，创造出具有本省特色的海洋文旅创意产业。如合理开发和利用广东省的海丝文化、赵佗文化、潮汕文化和南海神庙、黄埔古港古村、江门川岛圣方济各教堂、湛江徐闻古港、潮州笔架山宋窑、阳江阳东大澳渔村等等，将这些海洋文化和文化史迹与旅游业相碰撞相结合，二者相得益彰，能够迸发出独特火花，产生一定的经济效益和社会效益。二是将海洋文化资源与旅游业结合，创造出更多富有海洋文化的创意产业及其创意产品。如开发以赵佗文化、广府文化、海丝文化以及海防海战历史遗迹为题材的电影电视、剧场、动漫、音乐等海洋文化创意产业。现今广东省以海洋文化为依托，将人物作为切入点，创造出了交响史诗《南越王赵佗》，将广东省海洋文化、航海技术的发展淋漓尽致地展现在大众眼前，为大众系统了解海丝文化奠定了根基。同时，将海洋文化资源与文创产品相结合，向游客输出广东省海洋文化。如潮汕贝雕，融合了潮汕地区的木雕、橄雕、玉雕、壁雕、嵌瓷、灰塑等技艺，根据贝壳色泽纹理进行雕刻，创造了富含海洋文化特色的《潮汕红头船》《南澳大桥》等作品。

（三）大力推进海洋文化产业集群化发展

产业集群是指在某一领域中，联系密切相关的企业和支撑机构在空间上聚集，并形成强劲、持续竞争优势的现象。[①]海洋文化产业集群化是立足于海洋文化资源，构建海洋文化产业价值链，在空间上集聚不同海洋文

① 陈靖莲：《区域经济一体化背景下的人力资源管理研究——以广西北部湾经济区为例》，《广西社会科学》2010年第7期。

化产业，通过协同发展，逐步形成富于强劲可持续发展力的产业。海洋文化产业集群化发展能够将分散不集中的相关产业集聚起来，整合各产业优势，发挥出合力作用，这对优化海洋文化产业结构、推动海洋文化转型升级、塑造海洋文化核心竞争力等具有重要作用。

打造广东省精品海洋文化产业，需要大力推进海洋文化产业集群化发展。海洋文化产业集聚发展主要有三种类型，即政府主导型、市场驱动型、政府和市场相结合型，广东省海洋文化产业集群化建设与发展应从这三个方面下功夫。一是政府主导型。主要是以政府牵头，依托海洋文化资源和海洋文化产品，引导相关企业集聚。回顾广东省已进行的海洋文化产业集群化的建设实践，长琴岛和广州黄埔古港古村的文化产业集群就是由政府主导发展的。长琴岛是由广东省珠海市政府推动与开发，是珠海市重点海洋产业项目，采用“生态+旅游”的形式实现海洋产业经济和海洋文化时尚的结合，在国家推动“文化和旅游融合”新发展理念的指引下，集聚了科普教育、音乐文化、休闲娱乐等各类企业和文化产业。独具岭南海洋文化特色的古老村落——广州黄埔古村，采用“政府主导综合整治”的改造模式，完善配套措施，创新商业运作，建成了黄埔古港古村历史文化景区，并引入了艺术创作、创意产业、餐饮食宿等产业。广东省推进海洋文化产业集群化发展时，应发挥政府引导作用，结合“文化+旅游”“文化+海洋遗址”等建设经验，不断探索新的海洋文化产业集群发展方式。二是市场驱动型。主要是通过企业、商人、艺术家等牵头自发集聚所形成的海洋文化产业集聚。企业、商人、艺术家可依托广东省海洋文化节、海洋文化活动、海洋文化遗产资源等形成海洋文化集聚群。广东省的妈祖文化节，可带动汉服文化产业、舞狮文化产业、英歌文化产业、旅游产业的集聚与发展。广东省拥有丰富的海防文化遗产，卫所城因得天独厚的地理优势，明代始就被发展成了重要的海防要地。这里的海洋民风民俗、渔业文化、古城古镇等海洋文化符号可以发展并形成渔文化产业聚集群、旅游文化产业聚集群。三是政府和市场相结合型。主要是通过政府政策支持和市场运作，借助普惠性、公益化的平台整合社会资源，集聚相关海洋文化产业。譬如，2023年4月，广州市文化馆发布的《广州市文化馆高品质发展规划（2023—2025年）》，提出“实施文旅商深度融合行动计划”，这为海洋文化产业的集聚提供了政策支持。

今后，在大力推进海洋文化产业集群化发展，打造广东省精品海洋文化产业的过程中，要加强不同海洋文化产业之间的合作，继续发挥好政府主导型、市场驱动型、政府和市场相结合型的海洋文化产业集聚类型的优势，在已取得的成果上持续发力，形成更多效益高、优质型海洋文化产业集聚群和集聚区。

三　建立健全海洋文化公共服务

深入挖掘海洋文化资源，大力弘扬广东省特色鲜明的海洋文化，加强海洋文化基础设施、海洋主题文化活动、海洋文化产学研合作模式等方面的建设，为海洋文化的发展提供优质的公共服务和良好的人文环境，不断提升广东省海洋文化的影响力。

（一）加强海洋文化基础设施建设

海洋文化基础设施是海洋文化公共服务的主要内容，是海洋文化建设的重要支撑，具有基础性、战略性、先导性作用。海洋文化基础设施分为传统型海洋文化基础设施和新型海洋文化基础设施。传统型海洋文化基础设施，主要包括海洋文化博物馆、海洋文化馆、海洋文化展览馆等等。

传统型海洋文化基础设施为大众了解和学习海洋文化提供了平台和场域，是开展海洋文化传播和落实海洋文化政策的物质载体。新型海洋文化基础设施，包含信息基础设施、融合基础设施、创新基础设施。信息基础设施主要是指以互联网、人工智能、数字技术等为支撑的技术性的基础设施。融合基础设施是指应用大数据、人工智能等技术，助推传统型基础设施转型升级的基础设施。创新基础设施是指支撑科学研究、技术开发等具有公益属性的基础设施，如科教基础设施、科技基础设施等。新型海洋文化基础设施以智能化现代化技术为突破口，不断加强和完善海洋文化基础设施建设，为大众全面系统认识海洋文化提供窗口，有力促进了海洋文化公共服务建设。传统型海洋文化基础设施和新型海洋文化基础设施都具有公共性、基础性、普惠性、通用性等特点，二者的统筹发展推进海洋文化基础设施横向覆盖和纵向渗透相贯通、规模增长与集约高效相统一、传统应用和智能技术相配合，大大拓展了海洋文化公共服务的广度，提升了海洋文化公共服务的效能。

广东省海洋文化基础设施建设要统筹发展传统型基础设施和新型基础设施。在加强博物馆、文化馆、展览馆等传统型基础设施建设的同时，应引入和发展新型基础设施，使二者的建设与发展形成合力。一方面，要加强传统型海洋文化基础设施的建设。除了建设一些博物馆、文化馆、展览馆，还要加强有关海洋文化的公园、美术馆、纪念馆、剧场、乡镇（街道）与村（社区）基层综合性文化服务中心的海洋文化展刊、农家（职工）书屋的海洋文化板块、公共阅报栏（屏）的海洋文化栏目等建设与发展，促进海洋文化发展深入“毛细血管”，为大众了解海洋文化提供更多方式。另一方面，在建设传统型海洋文化基础设施的同时，也要加强新型海洋文化基础设施的建设。一是加强海洋文化信息基础设施的建设。如利用3D技术立体呈现有关海洋文化的历史故事或历史场景。二是加强海洋文化融合基础设施的建设。如在有关海洋文化的博物馆和展览馆中，设置电子阅览、视频观看等智能化服务。三是加强创新基础设施的建设。如建立关于海洋文化的科教研究基地，开展海洋文化科学与教育价值的研究。海洋文化基础设施的建设与发展要将海洋文化科学研究与教育统筹协同起来，这为海洋文化的发展提供了更加广阔的空间，使海洋文化公共服务更加健全。

（二）开展各类海洋主题文化活动

海洋文化公共服务的建设与发展离不开各类海洋主题文化活动。海洋主题文化活动将海洋文化资源从历史的尘埃中挖掘出来，通过灵活多样的形式“激活”海洋文化。大众通过参与活动亲身体会，直面海洋文化的精髓与内容，这不仅对于继承和发扬海洋文化具有重要作用，而且在此过程中能够加强大众的精神文明建设，不断满足人们的精神文化需求。

广东省在加强海洋文化公共服务建设时，应主动开展和创建各类海洋主题文化活动。海洋主题文化活动的开展和创建可以从海洋节日类文化活动、海洋文化科普教育类活动、海洋文化专题讲座类活动等三个方面入手。一是主动举办海洋节日类文化活动。广东省可以利用世界海洋日、全国海洋宣传日、海洋文化节等海洋节日开展海洋文化活动，不断强化公众的海洋文化意识。一方面，广东省应积极举办世界海洋日暨全国海洋宣传日主场活动，在活动中创设海洋文化主题板块和情景，引导动员公众学习海洋文化知识，不断深化公众对海洋文化的认识和理解。另一方面，广东省应把握并利用好海洋文化节活动，充分发挥海丝文化节、海神节、海战节、龙舟节、龙狮文化节、海洋美食民俗文化节等的作用，在活动中不断培育和增强公众的海洋文化意识。二是积极开展海洋文化科普教育类活动。科普教育活动是公众直接了解海洋文化和海洋知识的重要途径。广东省在开展海洋文化科普教育类活动时，可以以乡（镇）、社区（村）、学校、企业、社会组织等为单位，通过知识竞赛、主题展览、基地研学等方式普及海洋历史文化知识，引导公众树立正确的海洋观，增强海洋文化意识，激发公众探索海洋、经略海洋、热爱海洋的无限热情。三是大力举办海洋文化专题讲座类活动。专题讲座是公众系统了解海洋文化和海洋知识的关键途径。广东省应定期开展海洋文化讲座，积极联系邀请国内外研究海洋的专家和学者参与论坛并担任论坛主讲人，通过专家学者的知识普及，深化公众对海洋文化的认识，不断完善公众的海洋文化知识体系。同时，也可以发挥省内高校作用，并给予一定的政策和资金支持，鼓励高校举办海洋文化专题类讲座，普及海洋文化知识。

此外，除了以上类型活动外，广东省还可通过开展海洋和航海夏令营、主题征文、文创设计大赛等海洋主题文化活动，持续丰富和创新活动类型和形式，注重增强活动的趣味性、学理性、知识性、价值性，提升和扩大海洋文化和海洋意识的辐射力和覆盖面，不断健全与完善海洋文化公共服务。

（三）建立海洋文化产学研合作模式

产学研合作是指大学、科研院所和企业以及政府、服务中介机构和金融机构等组织为推动产业发展而建立一种优势互补、资源共享和共同发展的合作关系。[①]产学研合作是深入推进海洋文化公共服务建设的重要举措。海洋文化产学研合作采用融合发展机制，将有关海洋类企业、海洋类大学或者大学的海洋类专业、海洋科研院等联系起来，在政府的引导和金融机构、服务中介机构的帮助支持下，协同融合发展的一种公共服务体系。

① 赵长轶、曾婷、顾新：《产学研联盟推动我国战略性新兴产业技术创新的作用机制研究》，《四川大学学报》哲学社会科学版2013年第3期。

目前，广东省在探索海洋文化产学研合作方面，也进行了一些探索，主要聚焦于政府部门、事业单位与海洋科研院所的合作。如2021年5月24日，南方海洋实验室与广东省文物局共同签署了《联合开展广东海洋文化遗产研究合作协议》，主要围绕“南海海洋文化遗产资源调查和保护利用”“海洋文化遗产保护学科建设与人才培养”等方面开展合作，不断丰富和发展广东省海洋文化的研究。同时，此次合作也着力于探寻行业管理部门和科研组织合作的新模式，大力推进科研成果转化，更好地服务广东省文化建设。2023年10月12日，南方海洋实验室和广东海上丝绸之路博物馆签订战略合作共建协议，双方将依托“南海Ⅰ号”保护项目，发挥各自优势，深入开展海洋文化遗产考古成果的保护利用、挖掘阐释、海丝文创产品的开发等工作，促进研究成果的转化与应用。

针对以上发展现状，需要进一步完善海洋文化产学研合作模式。一方面，制定并完善海洋文化相关政策，鼓励金融机构、服务机构中介参与服务。政府要发挥政策引导作用，制定实施相关海洋文化政策方针，为海洋文化产学研发展奠定根基。金融机构和服务中介机构包括海洋类各种行业协会、商会、律师事务所、会计师事务所等组织，主要为产学研合作提供交流和咨询服务，在产学研合作主体互动中发挥着桥梁和纽带的作用。广东省政府在发展海洋文化产学研合作的过程中，要积极鼓励和引导相关的服务中介机构和金融机构参与其中，为海洋文化产学研合作提供更多优质服务。另一方面，加大海洋类文化企业与大学、科研院所的合作。海洋类企业是海洋文化理论验证、海洋文化科研成果转换的主阵地。大学和科研院所是统筹海洋文化研究资源和人才资源的智慧高地，是知识产生的重要场域。在政府的引导和金融机构的帮助下，以海洋文化科研项目为依托，依靠海洋企业，大力推进以广府文化、潮汕文化、妈祖文化、雷阳文化等为主题的特色海洋文化产业的发展，不断加强海洋文化遗产的保护和利用，发挥海洋文化的特色。

四　构建海洋文化传播体系

在当今世界信息化、网络化、全球化背景下，传播好海洋文化对广东省海洋文化的发展至关重要。广东省海洋文化的传播要与时代相融合，立足海洋文化主流媒体宣传体系、自媒体海洋文化传播体系、海洋文化国际话语体系、海洋文化与“一带一路”接轨融合体系等传播体系，推进海洋文化传播体系的构建。

（一）建立海洋文化主流媒体宣传体系

主流媒体是海洋文化传播和发展的重要阵地。主流媒体以权威性、公共性、影响力、公信力著称，具有很强的指导力和引领力。在构建海洋文化传播体系的过程中，要加强海洋文化主流媒体的宣传作用，促进海洋文化的传播。对此，广东省也作出了许多探索。例如，2023年广州市规划和自然资源局制作的海洋宣传片《广州，向海出发》，设立“海上花城，文化兴海”篇章，以海丝文化、海防文化资源的保护与开发，南海神庙、十三行、黄埔古港等海洋文化遗迹的保护与利用，海洋主题科普基地、海洋文化公园等公共服务场所的建设与发展，世界海洋日、全国海洋宣传日、广州海洋周的策划与开展为着力点，致力于讲好广州海洋文化故事，发扬好广州海洋文化。此外，自然资源部宣教中心、团中央新媒体、中国文物报等主办的以海洋文化为主题的“博物馆里的海洋”探索系列直播第三站讲述的是广东海上丝绸之路博物馆，通过回顾“南海Ⅰ号”沉船打捞过程，解读古船和文物的前世今生，分享文物周边等方式向大众传播着广东省海洋文化。同时，中央电视台中文国际频道CCTV-4开展的《博物馆里的中华文明》也详细讲述了广东海上丝绸之路博物馆，并从沉船遗迹、船内文物、船体碇石等进一步引申出宋朝对外经济贸易和文化交流的历史传统。

在建设海洋文化主流媒体宣传体系的过程中，广东省应发挥好主流媒体的作用。一方面，要发挥好报纸、杂志等传统媒体的宣传作用。尤其是随着互联网、信息化、数字化技术的快速发展，网络化的主流媒体形式应运而生，这为加强海洋文化宣传作用提供了有利条件。对海洋文化的宣传，除了传统型报纸、杂志刊登等形式外，还可以通过建立海洋文化官方的视频号、微信公众号、微博号、抖音号等形式开展宣传。另一方面，要积极借鉴其他省份主流媒体对于海洋文化宣传的经验，不断完善广东省主流媒体对海洋文化的宣传方式。如福建省东南卫视建立节目矩阵的宣传特色，设立“海洋季风”通栏节目带，围绕“海洋”“海丝”“海峡”三个关键词，陆续推出《海洋公开课》《中国海洋大会》等年度重点海洋文化节目，全方位、深层次地向大众展现福建海洋文化图景。此外，节目之余，东南卫视还推出了“海洋”主题的大型文化活动，进一步加强海洋文化的宣传，为大众了解和认识海洋文化提供了更为便捷的途径。浙江省自然资源厅和浙江日报报业集团等指导的“潮起最美海岸线”全国主流媒体融媒行动，以“最美海岸线”为导向，开展了“最美海岸线”慢直播、“潮起最美海岸线”线上短视频征集等活动，不断推动海洋文化的传播。

（二）打造自媒体海洋文化传播体系

自媒体的核心是基于公众对信息的自主提供与分享。[①]从自媒体的定

① 邓新民：《自媒体：新媒体发展的最新阶段及其特点》，《探索》2006年第2期。

义来看，自媒体更侧重于公众的主导性。自媒体的发展改变了议程设置的方式，公众自己掌握了媒体的发声器，通过网络平台，发布和分享着某些信息以及自己对某些观点和内容的理解和认识。海洋文化与自媒体的结合，借助自媒体平台，海洋文化被赋予了现代化的传播形式，遵循自媒体的传播规律，将深邃的海洋文化内涵以情景化、文物化、故事化、通俗化等直观的方式表现出来，推动着海洋文化的传播与传承。同时，大数据、算法等自媒体技术的作用，不断推动海洋文化的传播。海洋文化的传播与发展，离不开公众的支持与参与，自媒体为公众传播和传承海洋文化提供了有利条件。

在海洋文化的聚集地广东省，不少网友和社会组织通过公众号、论坛、视频等发表着自己的观点，不断推动着广东省海洋文化的传播与发展。如公众号“志说岭南”分上下两篇讲述了广府海洋文化形成与发展的历史脉络。公众号“i广州”以广东省海洋美食为切入点，以平易近人的方式讲述了广东省海洋文化的魅力与特色。公众号“纳税人智库”介绍了阳江地区富含海洋文化符号的大澳渔村、古港、疍家文化、咸水歌等。

但自媒体的自发性、随意性、碎片化和开放性的特点，会在一定程度上影响海洋文化的传播与发展，所以必须发挥广东省政府、广东省自然资源厅、广东省文化和旅游厅和各市、县、乡镇级政府、自然资源局、文化广电旅游（体育）局等相关政府单位的引导、监督和鼓励作用，掌握海洋文化传播主航向，促进海洋文化自媒体传播体系的科学化建设。首先，广东省相关政府单位要发挥引导作用。政府在引导自媒体平台传播海洋文化的过程中，必须抓住主流意识形态导向，发挥价值引领的作用。同时，在广大网友参与海洋文化创作、模仿、转载、搬运、剪辑等传播行动时，政府也要积极引导网民，遵循海洋文化发展事实和历史基础进行言论阐释，树立正确的海洋文化网络传播观。其次，广东省相关政府单位要发挥监管作用。广东省相关政府部门要加强对海洋文化自媒体的监管，强化自媒体平台自我监督能力，督促自媒体平台做好有关海洋文化方面内容的把关，建立完善的发现、鉴别、判断、投诉、退出和惩戒机制，营造风清气正的自媒体传播环境，确保海洋文化有序可持续地传播与传承。最后，广东省相关政府单位要发挥鼓励和支持作用。自媒体时代，广东省海洋文化的传播离不开网民大众的参与，政府要鼓励支持广大网民积极参与到海洋文化传播的行动中去，推进广东省海洋文化的广泛传播与传承。同时网民在政府鼓励和支持下传播海洋文化时，要时刻遵守相关政策规定，积极创造优质海洋文化内容，维护自媒体平台的公序良俗。

（三）建设海洋文化国际话语体系

在海洋文明深入发展的国际大趋势下，加强海洋文化国家话语体系建设已成为我国适应时代发展、提升海洋文化软实力、扩大海洋文化世界影响力的必然选择。广东省作为拥有我国最长大陆海岸线的省份，海洋资源丰富多彩，海洋历史源远流长，海洋文化底蕴深厚，这得天独厚的内在条件和先天优势，为海洋文化国际话语体系的建设奠定了基础。而建设海洋文化国际话语体系，是广东省作为海洋大省，推动我国海洋文明发展、扩大我国海洋文化影响力所必须承担的使命。

建设海洋文化国际话语体系，广东省要立足于自身海洋文化传统发展特色，积极探索和研究海洋文化内涵，及时捕捉世界各国关于海洋文化的话语共识，寻找海洋文化价值共性，打造国际社会易理解和接受的海洋文化话语体系，不断提升海洋文化国际话语体系的解释力、传播力和影响力。从多重海洋文化话语的组成部分入手，进一步建设海洋文化国际话语体系，不仅能够全面展示广东省在构建海洋文化国际话语体系过程中的详细内容，而且也充分彰显了海洋文化与国际海洋文化的契合性，对于增强国际海洋文化话语权具有重要作用。

海洋文化话语体系主要包括海洋物质文化话语、海洋精神文化话语和海洋制度文化话语。[①]对此，广东省在建设海洋文化国际话语体系时，应紧紧围绕这三个方面的内容开展，即构建海洋物质文化国际话语、海洋精神文化国际话语和海洋制度文化国际话语。一是构建海洋物质文化国际话语。依据广东省对海洋盐业、海洋渔业、造船与航海、深海探测、海洋污染治理、海洋环境监测等方面形成的海洋经济、科技和生态概念，结合国际上对海洋经济、科技、生态的相关理念，寻找之间的认知共性，以此为突破口，建立海洋物质文化国际话语。二是构建海洋精神文化国际话语。海洋精神文化话语指的是广东省在开发和利用海洋的过程中所形成的思想意识、价值导向、审美观念，主要通过影视戏剧、工艺美术、音乐舞蹈等话语形式以及龙王、妈祖等海神信仰话语符号呈现。海洋精神文化国际话语的构建应以这些富含广东省海洋文化传统和价值底蕴的海洋文化思想理念为基础，结合国际海洋文化话语发展需求和文化精神共识，打造海洋精神文化国际话语。三是构建海洋制度文化国际话语。海洋制度文化话语指的是广东省在开发和利用海洋过程中所实施的规章制度、组织管理、政策法规等。广东省在构建海洋制度文化国际话语时，应将已有的制度安排与“海洋命运共同体”等海洋制度话语相结合，助力国家海洋制度文化国际话语的建设，不断扩大我国海洋制度文化在国际上的影响力。

（四）创设海洋文化与“一带一路”接轨融合体系

“当前，以海洋为载体和纽带的市场、技术、信息、文化等合作日益

① 季翊、冯浩达：《中国海洋文化话语体系构建：内涵、框架与路径》，《中国海洋大学学报》社会科学版2022年第4期。

紧密，中国提出共建‘21世纪海上丝绸之路’倡议，就是希望促进海上互联互通和各领域务实合作，推动蓝色经济发展，推动海洋文化交融，共同增进海洋福祉。”[①]我国提出的“一带一路”倡议，不仅为沿线地区、国家之间的经贸往来提供了便利条件，而且为各国的文化交流提供了有力的政策支持，提高和拓展了我国海洋文化传播的水平和渠道。

广东省作为我国的海洋文化大省，自古以来就与海上丝绸之路有着莫大渊源。譬如，湛江是古代海上丝绸之路重要节点城市，其中，徐闻古港是汉代海上丝绸之路的始发港。在历史的沉淀中，湛江各地也遗存着大量海上丝绸之路的文物与史迹，如“万岁”瓦当、“南朝窖藏金银器”、“荷兰东印度公司铜炮”、“徐闻二桥遗址”、“宋元时期雷州窑外销瓷窑址”等。广州作为唐朝海上丝绸之路的起点地，见证了古代海上丝绸之路的历史发展图景。如今的广州也留存着不少海丝文化印记，如光塔、陶船、光孝寺、南海神庙、十三行等等。阳江作为古代海上丝绸之路的转口港和水路货物集散地，是海上丝绸之路的重要节点。在阳江也遗存着大量的古代海上丝绸之路的文化印记，“南海Ⅰ号”沉船有力佐证了这一点。这些都充分证明了广东省海洋文化的产生与发展同海上丝绸之路有重要的联系。

“一带一路”倡议是古代海上丝绸之路的延续与发展，是促进各国文化交流互动的重要平台。广东省海洋文化的发展要紧紧与“一带一路”相接轨相融合，创设广东省海洋文化与“一带一路”接轨融合体系，推进广东省海洋文化“走出去”，向世界展示广东省海洋文化，让世界看见广东省海洋文化，不断传播和传承广东省海洋文化。广东省海洋文化与“一带一路”接轨融合体系的创设应从加深和拓展海洋文化的研究广度、制定海

① 《习近平集体会见出席海军成立70周年多国海军活动外方代表团团长》，《人民日报》2019年4月24日。

洋文化与“一带一路”接轨融合发展的战略目标、加强广东省海洋文化产业与“一带一路”接轨融合的机制建设等方面进行。首先，应深入挖掘广东省海洋文化的内涵和外延，加深海洋文化的研究深度。广东省海洋文化与“一带一路”接轨融合的前提条件就是要将广东省海洋文化体系化。所谓广东省海洋文化体系化，就是将海洋文化的内涵和外延更为整体性、深层次、系统化地表现出来。这就需要组建专业的科研团队来加强对广东省海洋文化的研究，使广东省海洋文化的研究形成完整的理论基础和学术基础，以理论研究和学术研究为基准深入探讨海洋文化能够全面系统地展示广东省海洋文化全貌，这将为广东省海洋文化与“一带一路”接轨融合奠定坚实的基础。其次，要制定广东省海洋文化与“一带一路”接轨融合发展的战略目标。要在“一带一路”倡议的总框架下结合广东省海洋文化的理论基础、历史基础、现实基础，以及沿线国家、地区海洋文化的相关内容制定海洋文化战略目标。将广东省海洋文化与沿线国家、地区海洋文化政策规定与战略规划协调一致，找准广东省海洋文化与沿线国家、地区海洋文化的契合之处，合理突出广东省海洋文化的特色优势，推进广东省海洋文化国际化传播。最后，要加强广东省海洋文化产业与“一带一路”接轨融合的机制建设。海洋文化产业是海洋文化具象化的表现，是直观感受广东省海洋文化魅力的重要渠道。应借助“一带一路”提供的文化交流和贸易往来的条件与平台，将广东省海洋文化附着于产品，加强广东省海洋文化的输出，传播好广东省海洋文化。

第七章

海洋全球协作：推动构建海洋命运共同体

CHAPTER7

海洋是全人类的海洋，推进海洋全球协作、构建海洋命运共同体，符合全人类发展需要，具有重要价值和深远意义。提出构建海洋命运共同体的倡议，是中国在全球海洋发展中主动作为，推动构建多边主义框架下世界各国共筑海洋秩序、共护海洋和平、共促海洋繁荣的重要行动。广东是海洋大省，在全国海洋经济发展总体格局中具有举足轻重的地位；广东也是全国海洋经济发展的试点省份之一，在国家推动实施的海洋强国战略中肩负着重要的责任与使命。向海进军、向海图强，打造海上新广东，是广东迈向现代化的重要潜力所在，也是广东履行海洋大省义务——促进海洋全球协作、推动构建海洋命运共同体的重要前提。这就需要广东抓住发展机遇，充分利用资源优势，在推进“21世纪海上丝绸之路”建设过程中，积极发展同世界各国的蓝色伙伴关系；在维护和支持《联合国海洋法公约》的权威下，积极推动构建全人类海洋命运共同体；在共护海洋和平、共筑海洋秩序、共促海洋繁荣的理念指导下，发展和传播具有时代性、开放性、包容性的海洋命运共同体文化；在切实维护海洋安全、发展海洋经济、保护海洋生态的过程中，逐步落实海洋命运共同体行动。

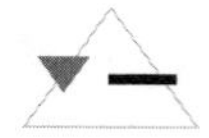

一　积极发展蓝色伙伴关系

“蓝色伙伴关系”的提出，是中国积极主动响应《联合国2030可持续发展议程》倡议的重要举措，也是中国推动海洋治理能力现代化在制度层面上的安排。2022年6月，中国自然资源部发布的《蓝色伙伴关系原则》明确了蓝色伙伴关系的内涵，其核心就是主张各国通过共商、共建全球蓝色伙伴关系，共享蓝色发展成果。“《蓝色伙伴关系原则》是蓝色伙伴关系在理论方面的体系化，并为推动全球海洋治理体系的变革提供了新时代的中国话语、中国智慧和中国方案。”[①]为推动《蓝色伙伴关系原则》落到实处，以“海洋合作”为核心的第三届“一带一路”国际合作高峰论坛于2023年10月18日在国家会议中心举办，会上发布的《“一带一路”蓝色合作倡议》为积极发展蓝色伙伴关系指明方向。广东作为海洋大省，积极主动落实“21世纪海上丝绸之路”倡议，通过不断深化海洋领域的改革开放，举办全球性重大海洋活动，为世界沿海国家和区域搭建开放合作、共赢共享的平台，在促进海上互联互通和各领域务实合作中培育多元化紧密互动的“伙伴”主体，保障多层级合作联动的“关系”结构，推动包括广东在内的各区域蓝色经济发展，致力于破解全球经济发展壁垒，为全球经济复苏注入新的活力。

（一）鼓励多领域共同推动的“蓝色”合作

海洋问题是全球性的，在世界面临百年未有之大变局之际，鼓励各国在多领域共同推动“蓝色”合作显得更加必要且紧迫。在“21世纪海上丝绸之路”倡议提出十周年之际，由自然资源部主办、国家国际发展合作署协办的第三届“一带一路”国际合作高峰论坛成功举办，其中，在海洋合作专题论坛上，发布了“一带一路”蓝色合作成果清单以及《“一带一路”蓝色合作倡议》，充分展示全球蓝色合作正焕发出新的生机。《“一带一路”蓝色合作倡议》是对“海洋命运共同体”理念的具体阐释，该倡

① 杨泽伟：《全球治理区域转向背景下中国—东盟蓝色伙伴关系的构建：成就、问题与未来发展》，《边界与海洋研究》2023年第2期。

议聚焦十个方面的内容，呼应了联合国“2030年可持续发展议程”和“海洋十年”发展目标，中国在这一过程中将发挥自己的独特作用。

广东自古以来便是海上贸易大省，距今已有两千多年从未中断的海上贸易史，始终与海上丝绸之路沿线国家保持着密切的经贸联系，在中国与世界各国的“蓝色”交流与合作中发挥着重要的窗口作用。基于优越的地理位置和便利的海上交通条件，作为中国海洋大省的广东在“21世纪海上丝绸之路”建设中具有独特的优势，“蓝色经济”早已成为广东高质量发展的引擎和动力。作为中国海上丝绸之路最早、最著名的重要发祥地之一，作为中国改革开放的排头兵、先行地、实验区，广东充分发挥海洋在对外开放中的门户作用，在推动省内外、国内外各领域“蓝色”合作中均扮演着不可替代的角色。广东提出加快优化对外开放布局，打好外贸、外资、外经、外包、外智“五外联动”组合拳。在此政策指引下，广东积极主动融入国内国际双循环，在海洋领域实施更大范围、更宽领域、更深层次的对外开放，积极参与全球治理，建设向海开放高地。

未来，广东可以在更大范围、更宽领域加强与海上丝绸之路国家和区域的交流，推动“蓝色”合作迈上新台阶。其一，广东省内各区域要主动发挥比较优势，在涉海基础设施、海洋科技、海洋产业、海洋生态保护等方面密切合作，积极促进粤港澳海洋经济深度融合。其二，广东要加强与海南、广西、福建等周边省区的合作交流，强化海洋基础设施互联互通，推进生产要素自由流动，促进泛珠三角区域海洋经济协调联动发展。其三，广东要充分利用《区域全面经济伙伴关系协定》（RCEP）等自由贸易协定优惠条款，促进与沿线国家在海洋产业园建设、重要港口物流、海洋科技、海上清洁能源、海洋生态环保等方面开拓“蓝色”合作新空间。

（二）培育多元化紧密互动的“伙伴”主体

“海洋命运共同体，意味着人类社会同在一个地球村，各国相互依存、命运与共，越来越成为你中有我、我中有你的命运共同体。”[①]建立海洋命运共同体的前提就是世界各国要在通力合作中，在全球海洋经济合作、海洋科技创新、海洋综合治理、海洋生态环境保护、海洋公共文化服务等领域的发展实践中，形成多元化、紧密联系、高效互动、合作共赢的“伙伴”主体。参与主体的多元化可以有效改变海上丝绸之路在推进过程中存在的项目主体单一性问题，可以有效解决国家行政主导的推进方式与市场和法治所要求的多元、多边、开放、平等、包容等原则的关系尚未厘清的问题，可以让“21世纪海上丝绸之路”更加适应现代国际市场和世界经济的要求，弱化地缘政治的影响，推动21世纪全球海洋发展迈上新台阶。

广东作为中国海洋大省，同时作为中国改革开放的前沿阵地和中国式现代化的先行区，始终将“开放”作为推动自身发展的重要动力，在培育多元化紧密互动的“伙伴”主体方面，形成一套从广东省到粤港澳大湾区、泛珠三角区域，从全国到全球的工作体系。广东省范围内，在全国率先成立首个省级海洋创新联盟——广东海洋创新联盟。粤港澳大湾区范围内，广东扎实推进深圳先行示范区建设，有序推进横琴、前海、南沙三大平台建设。泛珠三角区域范围内，广东以粤东为依托，主动对接海峡西岸城市群发展建设；以粤西为依托，增强对北部湾地区的服务功能。全国范围内，广东注重提升海洋经济的辐射影响力，推进沿海经济中心和内陆腹地联动发展。全球范围内，广东积极对接“一带一路”沿线国家、地区的

① 《坚持海洋命运共同体理念推进全球海洋治理》，《学习时报》2023年2月15日。

合作项目，以签署《区域全面经济伙伴关系协定》为重要契机，加强海洋政策、规则、机制、标准等领域对接。微观视域上，广东将中国海洋经济博览会打造为中国海洋经济对外开放的重要平台，成为对外展示中国海洋经济发展成果的重要窗口；通过举办广东"21世纪海上丝绸之路"国际博览会、世界港口大会等重大活动，有效推动国内外涉海企业、科研机构、金融机构、产业协会、管理部门间形成密切合作的蓝色伙伴关系。

未来，广东可以以服务国家重大发展战略为导向，加快培育多元化紧密互动的"伙伴"主体。其一，推动省内涉海单位深度合作、共建共享，支持珠海、江门等地与澳门的旅游业界签订旅游业务合作框架协议，结成旅游推广战略合作伙伴关系，共同打造旅游品牌，开发旅游市场，推动两地旅游业发展。其二，注重加强与台湾地区在海洋经济方面的交流合作，全面参与北部湾城市群、海南自由贸易港建设，推动琼州海峡跨海通道建设，支持结对互建"经济飞地"，加强"一区"与"一核""一带"协作。其三，主动与南海周边国家共建境外海洋油气等战略资源供应和储备基地，构建我国参与国际能源合作的示范区、物流转运枢纽和交易中心。

（三）保障多层级合作联动的"关系"结构

蓝色伙伴关系的深入有效发展需要推动政府决策机制、企业规范及企业治理结构等方面的改革，为打造多层级合作平台提供强有力的组织保障。改革开放是决定当代中国命运的关键一招，也是推动"21世纪海上丝绸之路"不断取得新成就的关键一招。新时代，中国在不断实施更高水平的对外开放的同时，不断深化各领域改革，持续为保障开放政策有效落地扫除体制机制障碍。中方致力于与"一带一路"沿线国家建立的伙伴关系，是基于《蓝色伙伴关系原则》，在自愿合作的基础上，形成共商共建、开放包容、具体务实、互利共赢的蓝色伙伴关系。为有效践行《蓝色伙伴关系原则》和《“一带一路”蓝色合作倡议》，中国从战略高度推进蓝色伙伴关系建设，将“积极发展蓝色伙伴关系”写入《中华人民共和国国民经济和社会发展第十四个五年规划和2035年远景目标纲要》。

作为中国海洋发展成效的代表性省份，广东不仅将“积极拓展蓝色发展空间，全面建设海洋强省”写入《广东省国民经济和社会发展第十四个五年规划和2035年远景目标纲要》，还专门制定了《广东省海洋经济发展“十四五”规划》，征集并出台了《广东省人民政府关于发挥高质量发展战略要地作用 全面建设海洋强省的意见》。作为中国改革开放的前沿阵地和“21世纪海上丝绸之路”的发祥地之一，“改革”“开放”“创新”是广东的鲜明标志，也是广东不断推动思想解放、再造体制机制新优势的“三大动力”。中国共产党广东省第十三届委员会第三次全体会议提出的“1310”部署中，要求广东锚定一个目标——走在前列，激活三大动力——“改革”“开放”和“创新”，奋力实现十大新突破——经济、教育、现代化产业体系、区域协调发展、海洋强省建设、生态、文化、民生、法治、党的领导。其中，“全面推进海洋强省建设，在打造海上新广东上取得新突破”是十大突破之一。

全面推进海洋强省建设，打造海上新广东，是一个系统工程，需要强有力的组织保障、不断完善的制度保障、统筹整合的要素保障、群策群力的公众参与保障。组织保障方面，广东需要坚持党总揽全局、协调各方的领导核心地位，完善集中统一高效的海洋工作领导体制，从整体上保障多层次、多主体共同参与海洋强省建设。制度保障方面，广东需要不断完善海洋领域治理体系，修订省海域使用条例、海洋环境保护法实施办法，推动海岸带、海岛、海上构筑物和海上交通安全等管理制度建设，从制度层面保障多层次合作平台的顺畅有序推进。要素保障方面，广东要统筹整合各项要素资源，在资金投入、资源供给、项目审批、人才引进和培养、智库建设等方面给予支持，保障各要素在推动海洋强省建设中实现高效运行和良性互动。公众参与保障方面，广东要完善公众参与机制，积极吸纳公众有益意见和建议，保障群众在建设海洋强省多层次合作平台中的参与权和知情权。

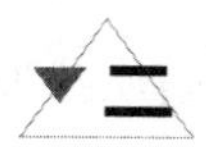

二　推动构建海洋命运共同体

党的二十大报告提出，“构建人类命运共同体是世界各国人民前途所在”[①]。构建海洋命运共同体，是构建人类命运共同体的重要内容。2019年4月，习近平总书记在集体会见出席中国人民解放军海军成立70周年多国海军活动外方代表团团长时的讲话中指出：“我们人类居住的这个蓝色星球，不是被海洋分割成了各个孤岛，而是被海洋连结成了命运共同体，各国人民安危与共。”[②]这是习近平总书记首提“构建海洋命运共同体”倡议，这一倡议立足海洋对人类社会生存和发展的重要意义，从全新视角阐释人类与海洋和谐共生的关系，是“推动构建人类命运共同体”理念在海洋领域的细化、深化和延伸，是新时代中国深度参与、引领全球海洋治理的重要指引。海洋命运共同体理念发源于人类命运共同体，它与人类命运共同体一脉相承，是人类命运共同体的重要组成部分，是这一理念在海洋领域的集中体现和生动实践。[③]广东作为海洋大省，在国际多平台代表中国坚持共商共建共享的全球海洋治理观、积极参与联合国框架内全球海

① 习近平：《高举中国特色社会主义伟大旗帜 为全面建设社会主义现代化国家而团结奋斗——在中国共产党第二十次全国代表大会上的报告》，人民出版社2022年版，第62页。

② 《习近平谈治国理政》第3卷，外文出版社2020年版，第463页。

③ 刘巍：《海洋命运共同体：新时代全球海洋治理的中国方案》，《亚太安全与海洋研究》2021年第4期。

洋治理、正确引导全球海洋治理秩序变革，为全球海洋治理提出中国智慧和中国方案贡献了广东力量。

（一）坚持共商共建共享的全球海洋治理观

海洋命运共同体理念的提出，超越和发展了传统的全球海洋治理理念，共商共建共享是中国提出的海洋命运共同体理念的核心要义。海洋是全人类的海洋，对于人类社会生存和发展具有重要意义。全球海洋治理观念直接影响全球海洋发展的走向，世界各国普遍已经将海洋治理问题作为国家治理的重要板块。当前，由于霸权主义和单边主义卷土重来，逆全球化问题凸显，全球海洋治理领域面临的各种问题和挑战日益增多，各国因为共同面临的海洋问题而不得不结成命运共同体。中国针对全球海洋问题秉持的是共商共建共享的理念，主张相关国家以合作代替冲突、以对话代替武力，合理开发海洋资源，注重加强海洋治理，共同商量全球海洋问题的解决办法，共同为建设美丽海洋而努力，共同享受海洋带给人类的馈赠，从而有效实现人海和谐。

广东是中国海洋大省，海洋大省肩负海洋大任。一方面，广东认真落实习近平总书记关于海洋发展的系列重要论述和对广东工作的重要指示批示精神，紧紧围绕省委、省政府“1+1+9”工作部署，积极主动践行海洋命运共同体理念，充分发挥自身在构建新发展格局中的战略支点作用，打造南海开发保障基地，强化与海上丝绸之路沿线国家和地区的合作，鼓励在粤海洋企业积极参与和引领海洋贸易、海洋生态安全、装备制造等领域的国际标准制定，积极引进国际海洋事务机构落户广东，主动参与国际海洋事务的交流合作。另一方面，随着近些年全国海水养殖业的蓬勃发展，部分地区海水养殖的不规范发展对局部海域生态环境造成不良影响，海洋生态环境问题凸显，为此，广东深入贯彻落实生态环境部、农业农村部出台的《关于加强海水养殖生态环境监管的意见》的指示要求，全面启动海水养殖污染治理，印发实施《加强海水养殖生态环境监管实施方案》，开展全省陆基海水养殖污染情况摸查和现场调研，探索推广“三池两坝”等海水养殖尾水治理技术，海水养殖业绿色发展水平逐年提高。

广东多措并举深度参与海洋治理，有效提升了共商共建共享的海洋治理观在世界各国的影响力。未来，随着世界多极化和经济全球化的深入发展，广东应进一步提升自身海洋治理能力和效益，成为南海实现更高水平开放的推动者与南海和平安全的守护者。面向未来，广东要加快推进以珠三角为核心加快建设以汕头为中心的东翼海洋经济发展极和以湛江为中心的西翼海洋经济发展极，将海岸带、近海海域、深远海海域统筹起来发展，在海洋高端产业、海洋科技创新、海洋生态文明建设等方面打造全国示范区，在推进粤港澳大湾区的建设中努力建成高水平的海洋经济合作示范区。要全面提升广东各区域的海洋开发、保护和治理能力，同时又要提高各区域之间的海洋合作水平。

（二）积极参与联合国框架内全球海洋治理

海洋治理是全球治理的组成部分，联合国在其中扮演了重要的角色。相较于其他国际组织或多边机制，联合国拥有较高的权威性、普遍性和代表性，其在国际舆论场上的话语权更大，参与全球治理的历史更长、经验更丰富，在全球海洋治理方面发挥着独一无二的作用。从国际地位来说，由于中国是联合国安理会常任理事国和最大的发展中国家，中国主动承担大国责任、彰显大国担当，积极参与联合国框架内的全球海洋治理问题，在推动全球海洋治理体系改革和建设中起着举足轻重的作用。中国提出的海洋命运共同体理念也越来越被更多国家认可，在联合国框架下，中国通过全面参与联合国框架下的海洋治理机制，在海洋环境保护、海洋安全维护、海洋法律体系完善等方面作出重要贡献。

广东作为中国海洋经济总量第一大省，积极扮演起全球海洋治理的建设区和海洋可持续发展的推动区角色，深度参与联合国框架内的全球海洋治理。一方面，广东深度参与联合国主导的重大国际涉海立法进程，支持联合国有关机构依据国际法和自身组织章程履职尽责；积极参与联合国制定的“海洋科学促进可持续发展十年（2021—2030）”计划；持续参与落实《“一带一路”建设海上合作设想》，积极参与完善同“21世纪海上丝绸之路”沿线区域的对话合作机制，参与发起海洋公共服务共建共享计划。另一方面，广东聚焦我国参与国际能源合作、海洋矿产勘探开采、渔业生物资源利用、物流转运等领域，面向南海拓展发展空间，加强深远海资源勘查利用，积极参与全球海洋治理，提升南海开发服务保障能力；加快海洋产业技术发展与国际标准接轨步伐，鼓励在粤海洋企业积极参与和引领海洋贸易、海洋生态安全、装备制造等领域的国际标准制定；积极组织相关涉海企业参与美国休斯敦离岸石油天然气展会（OTC）和中东阿联酋阿布扎比石油展览会（ADIPEC）等会展活动，进一步扩大广东省石化企业及品牌的国际影响力；积极引进国际海洋事务机构落户广东，主动参与国际海洋事务的交流合作。

展望未来，广东在推动粤港澳大湾区建设中可以在更大范围、更深层次上参与联合国框架内的全球海洋治理。一方面，通过构建现代海洋产业体系，提升海洋科技创新能力，健全海洋法律法规体系，提升海洋预警监测、应急救助、防灾减灾能力，完善海洋公共服务体系，不断推进广东海洋治理体系和治理能力现代化。另一方面，借助粤港澳大湾区的便利交通和平台资源，吸引更多世界大型企业落户湾区，推动省内海洋院校与本地海洋企业的合作，加强优秀海洋人才的引进和培育，在推动粤港澳大湾区实现高质量发展中获得更多参与全球海洋治理的权利和能力，并能够在参与联合国框架内的全球海洋治理中，在不断推动自身海洋治理体系和治理能力现代化的过程中，为实现全球海洋可持续发展不断作出中国广东的贡献。

（三）正确引导全球海洋治理秩序变革

当前，全球海洋治理已进入结构调整与秩序变革的新阶段，各国围绕制度性话语权和规则制定主导权展开博弈已成为全球海洋治理格局的显著特征之一。中国在全球海洋治理中勇于担当大国责任，致力于推动国际海洋秩序朝着更加公正合理的方向发展，致力于与全球各国共护海洋和平、共筑海洋秩序、共促海洋繁荣。实践中，作为地区和平的守望者与海洋合作的引领者，中国已同亚太地区许多沿海国建立了海洋领域的双边合作或磋商机制，并更加积极主动地参与塑造符合地区长远利益的区域海洋治理格局。中国秉持和践行真正的多边主义，坚持相互尊重、共商共治、开放共享原则，全面参与联合国系统框架下的海洋治理机制，认真维护基于国际法的国际秩序，在海洋环保、防灾减灾、海上搜救、应对气候变化和落实“一带一路”海上合作设想等方面向国际社会提供了丰富的公共产品，中国所倡导的“海洋命运共同体”理念已经深入人心。

广东作为中国海洋大省，不仅扮演着全球海洋治理的建设区和海洋可持续发展的推动区角色，还在积极推进粤港澳大湾区建设的过程中扮演国际海洋秩序维护区的重要角色。粤港澳大湾区是世界四大湾区之一，从区域范围上来看，粤港澳大湾区包含广东省九座城市和港澳两个特别行政区，中共中央、国务院印发《粤港澳大湾区发展规划纲要》，规定了粤港澳大湾区的区域范围，并提出珠三角九市在内地经济外向度层面和全国对外开放水平层面的重要地位，以及其在全国加快构建开放型经济新体制中的重要地位和作用。由此可见广东省在全国、在粤港澳大湾区中占据的重要地位。一方面，广东注重发挥自身向海而生、向海图强的历史优势，将对海洋的研究认识与准确把握全球海洋治理面临的挑战相结合；自觉践行海洋命运共同体理念，主动提出议题，引导粤港澳大湾区各区域将国家海洋治理变革主张转化为湾区共识、形成湾区内的一致行动；倡导湾区内各主体共同制订治理方案，构建区域海洋治理体系。另一方面，广东主动面向世界、拥抱世界，积极参与引导国际海洋秩序变革，推动国际和地区热点问题朝着和平方向解决，参与推动构建更加公正合理的国际海洋秩序；积极履行在全球海洋治理中应该承担的义务，努力为全球区域管辖海域治理的生动实践贡献广东方案和广东经验。

展望未来，广东在推动全球海洋治理秩序变革中还可以作出更多、更大贡献。其一，针对海洋治理进程中的全球化进程“逆流”问题，广东可以通过加强海洋经济开放合作，为世界各国提供更多、更优质的海洋经济交流合作平台，为海洋治理贡献更多全球化力量。其二，针对海洋治理领域开始盛行的单边主义和保护主义问题，广东可以有效利用中国（广东）自由贸易试验区平台加强与世界各国的合作，推动以中国海洋经济博览会为代表的全球海洋活动向品牌化、市场化、国际化方向发展，推动世界范围内以合作代替冲突、以对话代替武力。其三，针对全球海洋规则秩序的先天缺陷和发展滞后问题，广东可以积极引进国际海洋事务机构落户广东，主动参与国际海洋事务的交流合作，推动全球海洋治理秩序朝着开放、平等、非意识形态化的多边主义规则的方向变革。

三 传播海洋命运共同体文化

世界各国公众对海洋命运共同体理念的认同，需要借助海洋命运共同体文化的力量。构建海洋命运共同体，中国给出了“共护海洋和平、共筑海洋秩序、共促海洋繁荣的中国方案”。[①]在这一重要理念的指引下，同时伴随着各种海洋问题的出现，世界各国越来越认同全球海洋发展和治理需要各国通过平等协商、共同参与的方式去应对，呼唤着具有时代性、开放性、包容性特征的新型海洋文化，渴望摒弃强权政治、零和博弈的陈旧思维，通过共商共建共享去解决海洋发展领域的问题，实质上是一种海洋命运共同体文化。广东位于岭南地区，自古便有开放包容、兼收并蓄的文化传统，因海而生、向海图强的发展轨迹为广东留下了丰富的海洋文化遗产，成为广东独特的海洋资源。新形势下，广东主动站在文明发展的高地，努力发掘中华文明与世界海洋文明沟通的历史；发挥自身海洋大省优势，不断讲好中国海洋故事，不断扩展海洋文化朋友圈；努力办好以世界海洋日为代表的主场活动，提升海洋命运共同体文化的影响力，致力于创建世界海洋文化中心。

（一）发掘中华文明与世界海洋文明沟通历史

海洋是世界各民族开放交融的舞台，海洋文化就是开放的世界文化，人类文明的发展本身就包含着海洋文化的发展。“中华传统文化是开放包容的文化，是多元同构的文化，海洋文化是中华传统文化的重要特质。”[②]中国自古就是海洋大国，既有广袤的大陆，也有辽阔的海疆。各族人民在长期的生产生活实践中形成了悠久的海洋文化，这是中国古代历史与文化进程的一个重要组成部分。拥有五千年历史的中华文明，同样也拥有悠久的海洋文明，曾在世界历史上形成环中国海海洋文明圈。“从秦汉到元末，古代中国官民力量相互结合，辅之以东亚世界其他力量，

① 《为构建人类命运共同体汇聚起“蓝色力量”》，《人民日报》2022年5月3日。

② 《浅谈中华传统文化的海洋特质》，《光明日报》2023年6月12日。

曾主导‘环中国海’商品贸易、文化交流及其他海上事业一千多年。”[①]习近平总书记说：“文明因多样而交流，因交流而互鉴，因互鉴而发展。”[②]改革开放以来，随着中国对外开放程度和水平的不断提高，特别是“一带一路”倡议的提出，让中国与世界各国的交流愈发频繁，“21世纪海上丝绸之路”将中华文明与世界海洋文明连接得更加紧密。新形势下，发掘中华文明与世界海洋文明的沟通史，有利于让世界更加了解中国，让“21世纪海上丝绸之路”焕发新的生机。

广东作为中国海洋大省，因海而兴，具有悠久的海洋文明发展史。萌芽于商周、发展于春秋战国、形成于秦汉、兴于唐宋、转变于明清的古代海上丝绸之路，其起点之一就在广东省省会——广州市。近年来，广东以建设“一带一路”为契机，不断增进与海内外物质文明和精神文明的沟通，在形成全方位对外开放新格局中发掘中华文明与世界海洋文明沟通的历史。连续五年举办中国海洋经济博览会，成为对外展示中国海洋经济发展成就的重要窗口，是世界沿海国家开放合作、共赢共享的重要平台，是推进海洋新技术成果转化和产业化的重要平台，是促进海洋经济国际合作的高端经贸平台，更充分展示了中华文明具有突出的连续性、突出的创新性、突出的统一性、突出的包容性、突出的和平性。举办的广东“21世纪海上丝绸之路”国际博览会、世界港口大会、中欧蓝色产业合作论坛等重大活动，将中国与世界紧密联系在一起，为中华文明与世界文明的交流互鉴提供了便捷通畅的诸多平台。

展望未来，作为海丝文化的重要发源地，作为中国改革开放的排头兵、先行地、实验区，广东要充分利用自身优越的地理位置和经济优势。站在世界一流湾区、人文湾区以及中国特色社会主义先行示范区建设的时

① 于逢春：《中国海洋文明的隆盛与衰落》，《学术月刊》2016年第1期。

② 《习近平谈治国理政》第3卷，外文出版社2020年版，第468页。

代高地，广东理应为中华文明走向世界作出更大贡献，构建面向全球、开放有度的文化生态，为创造我们这个时代的新文化带来源头活水。“21世纪海上丝绸之路”提出10年以来，“和平合作、开放包容、互学互鉴、互利共赢的丝路精神从历史走进现实，共建‘一带一路’倡议在蔚蓝的海洋上带来了许多关于共同繁荣的故事”[①]，续写着文明交融的佳话，验证着丝路国家休戚与共这一亘古不变的道理。海上丝绸之路获得的新发展，成为续写新时代中华文明与世界海洋文明沟通史的经典案例，而广东应该成为这一案例中的重要主角。

（二）讲好中国海洋故事，扩展海洋文化朋友圈

海洋孕育了生命，连通了世界，促进了发展。600多年前，著名航海家郑和七下西洋，留下了中国同其他国家友好交往的千古佳话。新时代，习近平总书记提出的构建海洋命运共同体、建设“21世纪海上丝绸之路”倡议，为讲好中国海洋故事提供根本指引。海洋是经济交流、文化互鉴的“大通道”，讲好海洋故事是讲好中国故事的重要组成部分。中国正在不断调适中华文明中的海洋资源，将中国海洋故事与西方海洋故事融入一个场域，主动融入海洋命运共同体的时代大背景中，运用多领域、宽视角的故事推动海洋叙事，“使其从海洋文化自信逐步走向海洋文明自觉，从而为世界提供海洋故事的中国选择”。[②]

广东有着悠久的海上对外交流史，向海图强的广东正在不断讲好中国海洋故事、扩展海洋文化朋友圈。近年来，广东注重发挥背靠粤港澳大湾区的区位优势，在海洋命运共同体理念的指导下，大力培育和传播海洋命

---

① 《和合共生 向海而兴》，《经济日报》2023年10月19日。

② 刘训华：《教育场域：基于中华海洋文明的有效叙事》，《中国社会科学报》2022年3月4日。

运共同体文化。一方面，广东按照以习近平同志为核心的党中央的整体部署，推进国家版本馆广州分馆、白鹅潭大湾区艺术中心等重要文化地标建设，办好深圳文博会，深入实施岭南文化“双创”工程等，以中华文明、岭南文化为原本，以文化强省建设助推高质量发展，奋力书写中华民族现代文明的广东篇章。另一方面，广东充分挖掘海洋文化资源价值，加快推进海洋文化设施建设，大力弘扬和传播特色鲜明的南海海洋文化，积极培育海洋文化产业，不断致力于提升海洋文化的影响力，为本区域海洋经济高质量发展提供强劲的精神动力和良好的人文环境，文化赋能效果明显。

面向未来，广东可以在推进粤港澳大湾区建设中充分发挥海洋文化功能。一方面，广东可以加快推动海洋知识“进学校、进教材、进课堂”工作，培育打造具有传播力和影响力的海洋资讯新媒体平台，实施全媒体传播工程，建立多层次、多渠道的海洋知识传播方式，加强海洋文化知识科普工作，加强海洋题材创作生产，讲好广东海洋故事、粤港澳大湾区故事，加快形成与海洋强省建设相适应的全民海洋意识，营造关心海洋、认识海洋、经略海洋的浓厚氛围。另一方面，广东要加强对外传播和文化交流，有效发挥香港和深圳、广州和佛山、澳门和珠海三对城市的强强联合和引领带动作用，共同打造世界一流人文湾区，面向世界讲好中国故事、大湾区故事，让世界通过了解广东来了解中国。通过讲好中国海洋故事、讲好广东海洋故事，促使广东的海洋文化朋友圈得到不断拓展，朝着全面建成海洋强省的重要目标阔步前进。

（三）办好主场文化活动，创建世界海洋文化中心

海洋文化体现着一个国家和民族关于海洋的思想、观念、行为和习俗等。中国有着漫长的海岸线，自古以来就有大量的中国先民居住在海滨，中华先民开发海洋、经营海洋、利用海洋，得鱼盐之利，享舟楫之便，涵

育出博大精深、兼收并蓄、历久弥新的海洋文化。习近平总书记强调“文运同国运相牵，文脉同国脉相连”[①]，这就说明文化这一因素是推动中国社会发展和民族振兴的重要基础，中华民族伟大复兴与重塑中华文化全球影响力有着不可分割的关系。中华海洋文化孕育于我国民众数千年在对海洋的认识、利用、开发过程中，因此天然具有外向性、开放性和多元性的特征，是中华传统文化的重要组成部分。加强我国海洋文化建设，就是要立足时代发展和现实境况，充分发掘中华海洋文化的核心价值和丰富内涵，努力提升中华海洋文化在世界各地的影响力和感召力，为实现中华民族伟大复兴提供强大的精神支撑。

广东不仅是全国海岸线最长的省份，而且作为海上丝绸之路发祥地，拥有丰厚的海丝、海防和海洋文化遗存。《粤港澳大湾区发展规划纲要》明确提出共建人文湾区的发展要求。粤港澳大湾区既是经济湾区，也是文化湾区，这里是中国近现代中外文化的交汇地、现当代流行文化的发源地，也有望成为我国乃至世界文化新高地。中国经济发展模式向“双循环”转轨的大背景，给大湾区海洋文化中心建设带来发展机遇。地处粤港澳大湾区核心腹地的广东，积极借助粤港澳文化产业高速发展的契机，以改革促开放、以创新求发展，积极融入粤港澳大湾区海洋文化产业的对外合作与交流。通过举办世界海洋日暨全国海洋宣传日主场活动、中国海洋博览会、广东“21世纪海上丝绸之路”国际博览会等海洋主场活动，在不断巩固提升“海洋日”“航海日”“南海开渔节”“海事节”“红头船文化节”等海洋主题宣传活动品牌中，不仅向世界展现了丰富多彩的广东海洋文化，为打造以广州、深圳为代表的世界海洋文化中心提供良好载体，还有效提升了中华海洋文化的世界影响力，为传播中国海洋命运共同体文

① 《在中国文联十大、中国作协九大开幕式上的讲话》，《人民日报》2016年12月1日。

化作出重要贡献。

天然的岭南海洋文化资源，独具特色的海洋文化精神，在千百年间成为支撑广东海洋经济发展的重要优势。基于此，新时期新阶段，广东要紧紧抓住岭南海洋文化精神的精髓——开放和合作，大力挖掘和弘扬岭南海洋文化，努力为推进人类海洋命运共同体建设贡献力量。其一，广东要坚持海洋文化赋能海洋经济发展的理念，有效利用“21世纪海上丝绸之路”的重要资源，把中国海洋博览会、广东“21世纪海上丝绸之路”国际博览会等活动打造成高水平、高知名度的国际化经济文化交流合作平台。其二，要通过加强与香港、澳门的文化合作，联合举办世界级海洋主题的文化交流活动，致力于将粤港澳大湾区打造为世界一流湾区，将广东打造为世界海洋文化中心，不断营造“开放、创新、合作、包容”的海洋文化氛围。

四 落实海洋命运共同体行动

海洋命运共同体理念，超越和发展了传统的全球海洋治理理念，在回答“建设一个什么样的海洋、如何建设海洋”这一关乎人类前途命运的重大课题中，彰显了中国解决全球海洋问题的风度。理念是行动的先导，理念也是行动的指南。中国是海洋命运共同体理念的提出者，也是海洋命运共同体行动的积极践行者。中国政府倡议共建“21世纪海上丝绸之路”，其出发点就是希望最大程度促进世界各国海上实现互联互通，加强海洋各领域的务实合作，在推动蓝色经济发展、海洋文化交融中，不断增进各国共同的海洋福祉，促进各国海洋关系和谐。海洋关系的和谐不只局限于国家之间，也适用于人与海洋之间。海洋命运共同体理念要求人类要像关爱生命一样关爱海洋，促进“人海和谐”。广东作为海洋大省，全面贯彻落实党的二十大精神和习近平总书记视察广东时的重要讲话、重要指示精神，以习近平总书记关于建设海洋强国的系列重要论述为根本指引，锚定高质量发展的首要任务，出台了全面建设海洋强省意见，制定了《海洋强省建设三年行动方案（2023—2025年）》。广东始终将海洋命运共同体意识贯穿至海洋发展的全过程，以开放促合作、以创新谋发展，以广东海洋发展助力全球海洋发展，以海洋命运共同体意识展望未来发展新方向，在维护海洋安全、保护海洋生态、发展海洋经济方面不断走在全国前列。

（一）以海洋命运共同体意识贯穿海洋发展全过程

海洋是全世界生命的摇篮，是一个资源丰富的宝库，也是世界交通的大命脉，海洋孕育了人类文明，已经成为人类生产和生活的重要保障。但是近年来，随着人类大规模开发利用海洋，全球面临海上安全、海洋生态环境等领域的问题，海洋全球治理面临诸多挑战。习近平总书记关于维护海洋安全、保护海洋生态、发展海洋经济等方面的重要论述，为构建海洋命运共同体指明了前进方向，提供了科学指南。人类命运和海洋休戚与共，海洋是全人类的海洋，不是个别国家和地区的海洋，海洋命运共同体理念的提出，体现了中国在顺应时代潮流、把握世界发展脉搏中的积极主动，这一理念是为世界各国共同保护海洋生态、共同守护海洋和平、共同筑造海洋秩序、共同促进海洋繁荣提出的中国方案。海洋命运共同体意识是人类命运共同体意识在海洋领域的集中体现，世界各国要实现共同经略海洋，就需要将海洋命运共同体意识贯穿于海洋发展的全过程。

海洋是高质量发展的战略要地，海洋也是融入世界的大通道，是支撑广东发挥改革开放优势、打造外向型经济的重要载体。新时期，广东应牢固树立海洋命运共同体意识，践行海洋命运共同体理念，将广东海洋发展与中国海洋发展、世界海洋发展密切结合起来，坚持以海洋强省建设助推海洋强国建设，致力于构建陆海统筹、内外畅通的海洋发展新格局，努力筑牢蓝色生态屏障，在海洋生态保护修复、陆海污染综合治理、海洋防灾减灾方面走在全国前列，为海洋绿色发展作出重要贡献。未来，广东还可以将海洋命运共同体意识贯穿于海洋发展顶层设计、海洋科技创新、海洋资源开发利用、海洋生态建设、海洋防灾减灾等方面，让海洋命运共同体理念进一步深入海洋发展的全过程。

其一，海洋发展顶层设计上，广东高标准推进海洋经济高质量发展，以横琴、前海、南沙三个粤港澳全面合作重大平台为牵引，纵深推进粤港澳大湾区建设，助推粤港澳大湾区在新一轮世界经济深度调整、全球科技革命和产业变革中，代表中国更加积极主动地参与全球合作竞争，更高水平地融入全球经济体系，也为推动全球经济创新发展积极贡献力量。其二，海洋科技创新上，广东加快构建“实验室+科普基地+协同创新中心+企业联盟”四位一体的海洋科技协同创新体系，[①]为更好参与全球海洋治理提供科技支撑。其三，海洋资源开发利用上，广东不断完善海洋管理法规制度体系、加强海域海岛精细化管理、推进围填海历史遗留问题处置、强化海洋执法监管，努力践行科学开发、有效利用原则。其四，海洋生态建设上，广东探索打造“双碳”样板，推动海洋生态价值实现、绿色低碳转型和海洋新能源产业发展，积极开展红树林营造和修复工作，推动生态化海堤、滨海湿地、魅力沙滩、美丽海湾、活力人居海岸线建设工程，全面启动海水养殖污染治理，成为国内外践行落实人海和谐理念的先行区。其五，海洋防灾减灾上，广东全力做好海洋灾害防御工作，不断提升海洋预警监测能力，开展海洋防灾减灾宣传教育活动，为全球海洋防灾减灾工

① 《去年广东海洋生产总值1.99万亿元》，《南方日报》2022年6月9日。

作作出重要贡献。

（二）以海洋命运共同体意识推进海洋全球合作

21世纪是海洋的世纪，在当前世界多极化、经济全球化深入发展，社会信息化、文化多样化持续推进的时代潮流中，海洋发展中是否愿意以和平代替冲突、以合作共赢代替零和博弈成为摆在世界各国面前的一道选择题。中国作为海洋命运共同体理念的提出国，“已同葡萄牙、欧盟、塞舌尔、莫桑比克等建立蓝色伙伴关系，与印度尼西亚、马来西亚、泰国、柬埔寨等签署海洋领域合作协议，围绕蓝色经济、海洋科技和海洋生态保护修复等开展务实合作”[①]；中国举办的中国与欧洲、中国与东南亚国家、中国与小岛屿国家、中国和非洲等各类国际性海洋合作论坛，取得了一系列重要成果；中国连续多年举办的中国海洋经济博览会，为国内外涉海企业搭建了重要的海洋经贸交流与合作平台。中国自觉主动以海洋命运共同体理念为指引，在积极促进海上互联互通和各领域务实合作中发挥重要作用，正努力让发展成果更多更好惠及各国人民。

开放包容的岭南文化促使广东以更加开放的姿态拥抱世界，以更加主动的作为贯彻落实海洋命运共同体理念，努力实现最大程度的合作共赢。一方面，广东积极拓展国际蓝色经济伙伴关系，积极推动次区域合作拓展深化，不断打造蓝色经济合作新亮点，充分利用《区域全面经济伙伴关系协定》（RCEP）等自由贸易协定优惠条款，不断开拓蓝色合作新空间；鼓励广东涉海企业“走出去”，积极参与沿线国家海洋产业园建设，支持涉海企业在东盟国家建立海洋经济示范区和海洋科技合作园；加强与太平洋岛国蓝色合作，协助太平洋岛国渔业升级；努力打通连接国际物流

① 《推动全球海洋事业发展不断开启新篇章》，《人民日报》2023年4月24日。

大通道，加快与欧盟开展海洋科技、海上清洁能源、海洋生态环保等蓝色经济合作，高标准建设中欧蓝色产业园。另一方面，广东通过发展自身为推进全球合作贡献力量：致力于构建陆海统筹、内外畅通的海洋发展新格局，全力推进粤港澳大湾区建设，形成高质量发展的现代化沿海经济带，推进沿海经济中心和内陆腹地联动发展，构筑协调联动的区域海洋经济合作圈，高效融入国内交通运输大网络，积极参与建设海上国际综合运输通道，以粤港澳大湾区国际科技创新中心为依托，建设重大创新平台。

未来，广东可以立足国家重大发展战略进一步采取重要举措推进海洋全球合作。其一，广东可以聚焦我国参与国际能源合作、物流转运、渔业生物资源利用等领域，打造服务南海、支撑国家发展战略的重要平台，构建我国参与国际能源合作的示范区、物流转运枢纽和交易中心，打造南海开发保障基地。其二，广东可以充分发挥自身在“21世纪海上丝绸之路”建设中具有的独特优势，积极对接“一带一路”沿线国家和地区的合作项目，深化与“一带一路”沿线国家、地区基础设施的互联互通。其三，广东要致力于推动中国海洋经济博览会向品牌化、国际化方向发展，打造更多海洋对外交流合作的重要平台，加强与世界各国在海洋生物多样性保护、海洋教育卫生、海洋预报减灾、海上安全执法、海上联合搜救等领域的国际合作。

（三）以海洋命运共同体意识展望未来发展新方向

当今世界正处于百年未有之大变局，不稳定性、不确定性明显增强，人类社会将长期面临海上安全形势复杂和海洋生态环境持续恶化的双重挑战。“从人与自然的维度看，海洋与人类是和谐共生的生命共同体，人类依海而生、因海而兴，海洋哺育了人类文明，是生命的源泉、生存的空间、资源的宝库、交通的命脉”①，人类只有尊重海洋发展规律，像保护眼睛一样关爱和保护海洋，实现人海和谐，才能保障和推动自身的可持续发展。从人与人的维度看，作为世界连为一体的大通道，海洋是人类社会沟通、交往、联系、融合的纽带而非屏障，海洋资源应由全人类共同分享，海洋具有的连通性、开放性、共享性，天然地将人类社会整体连接成为一个环境共享、利益共融、命运相连的整体，这种连接一方面密切了世界各国的联系，另一方面也带来了需要各国共同承担的安全风险和责任义务。“传统的海洋文明是海上贸易、殖民统治和大国争霸的混合体，与海洋文化中所具备的积极因素和消极因素是对应的”②，与传统的海洋文明相比，中国提出的海洋命运共同体理念，其目标是各国能够携起手来，共同打造一个和平、安全、繁荣、开放、美丽的海洋环境。

海洋命运共同体理念为全球海洋事业发展明确了方向，赢得国际社会的普遍认同和积极响应，成为引领人类海洋文明发展进步方向的鲜明旗帜。在此背景下，广东立足高质量发展，主动用海洋命运共同体意识引领未来海洋工作发展方向，做好经略海洋大文章，推进海洋事业在新征程上走在全国前列、创造新的辉煌。其一，广东积极贯彻落实国家区域发展战略，强化“一核一带一区”区域发展格局空间响应。其二，广东紧紧围绕实现海洋经济高质量发展任务，注重发挥区位与资源禀赋优势，海洋产业结构得到持续优化。其三，广东注重发挥科技创新在海洋经济高质量发展中的引领作用，打好关键核心技术攻坚战，海洋科技自立自强水平稳步提高。其四，广东坚持“绿水青山就是金山银山”理念，加快推进海洋整体保护、系统修复和综合治理，海洋生态建设成效明显。其五，广东充分发

① 人民论坛“特别策划”组：《全球海洋生态：困境、反思与治理》，《人民论坛》2023年第20期。

② 宋伟：《海洋命运共同体构建与新的海洋文明》，《人民论坛》2023年第20期。

挥海洋在对外开放中的门户作用，主动融入国内国际双循环，海洋经济总量继续保持全国第一。其六，广东不断提高海洋公共服务水平，提升应急救灾和风险防范能力，有效提升了广东海洋文化软实力。其七，广东注重坚持把党的领导贯穿发展海洋经济全过程和各方面，为海洋经济发展提供强有力的组织保障。

面向未来，广东要以海洋命运共同体意识展望未来发展新方向。其一，广东要集全省之力推动全省陆地和海洋的一体化发展，加快形成科学高效的海洋经济发展空间布局。其二，广东要以打造海洋产业集群为发展海洋经济的重要抓手，进而努力构建具有国际竞争力的现代海洋产业体系，为优化产业体系提供新支柱。其三，广东要努力突破海洋经济发展的科技瓶颈，率先形成海洋经济创新体系和发展模式，为海洋强省建设提供强劲动能。其四，广东要进一步提高海洋资源利用水平，积极探索建立海洋生态产品的价值实现机制，主动参与国家的碳达峰、碳中和行动，推动海洋经济朝着全面绿色低碳转型的方向前进，推进人与自然和谐共生的现代化。其五，广东要在海洋领域实施更大范围、更宽领域、更深层次的对外开放，积极参与全球治理，建设向海开放高地。其六，广东要推进海洋领域治理体系与治理能力现代化，建立健全海洋经济监测评估体系，为海洋经济平稳健康发展提供支撑。其七，广东要进一步健全规划协同推进责任监督落实机制，推动重点任务重点改革集中攻坚，确保规划科学有序实施。

主要参考文献

1. 《习近平谈治国理政》第2卷，外文出版社2017年版。

2. 《习近平谈治国理政》第3卷，外文出版社2020年版。

3. 《习近平谈治国理政》第4卷，外文出版社2022年版。

4. 习近平：《高举中国特色社会主义伟大旗帜 为全面建设社会主义现代化国家而团结奋斗——在中国共产党第二十次全国代表大会上的报告》，人民出版社2022年版。

5. 习近平：《论坚持全面深化改革》，中央文献出版社2018年版。

6. 黑格尔：《历史哲学》，王造时译，上海书店出版社2006年版。

7. 李乃胜：《中国海洋科学技术史研究》，海洋出版社2010年版。

8. 吴梵：《海洋科技创新驱动海洋经济高质量发展研究》，中国社会科学出版社2021年版。

9. 中国—东盟智慧海洋中心：《东盟海洋科技发展报告》，天津大学出版社2022年版。

10. 刘德喜：《建设中国特色的海洋强国》，广东经济出版社2022年版。

11. 万祥春：《中国特色海洋共同安全观研究》，上海社会科学院出版社2020年版。

12. 广东海洋协会：《广东省海洋六大产业发展蓝皮书》，海洋出版社2022年版。

13. 宁凌、宋泽明：《广东省海洋经济高质量发展的驱动机制及系统演化研究》，中国经济出版社2022年版。

14. 广东省自然资源厅、广东省发展和改革委员会：《广东海洋经济发展报告（2023）》，广东科技出版社2023年版。

后　记

建设海洋强国是中国特色社会主义事业的重要组成部分，是实现中华民族伟大复兴的重大战略任务。《海洋强省建设的广东实践及路径研究》是由中山大学中共党史党建研究院组织编写的《奋力建设现代化新广东研究丛书》之一。从海洋大省向海洋强省迈进，既是广东在推进中国式现代化建设中走在前列的题中之义，更是以海洋强省助力海洋强国建设的必然要求，历史的重担又一次落在了广东这片热土之上。

在习近平总书记对广东的重要指示精神的引领下，在广东省委的殷切期盼下，《海洋强省建设的广东实践及路径研究》的编写工作顺利开展。本书不仅是对“1310”部署中“全面推进海洋强省建设，在打造海上新广东上取得新突破”的深刻阐释，还是对广东开发与保护海洋实践历程的全面回顾。回望过去，不是为了躺在功劳簿上沾沾自喜，而是为了把握历史规律，勾勒出一条海洋强省建设的广东路径，在推进中国式现代化建设中贡献一份“广东智慧”。希望本书能够给予海洋相关从业人员一些启示，并对各沿海省份海洋建设的研究与探索起到抛砖引玉的作用。

本书的研究和出版是中山大学马克思主义学院万欣荣副教授团队集体智慧的结晶，由中山大学马克思主义学院万欣荣副教授担任主编，书稿编写具体分工如下：第一章（刘良健）；第二章（范贺尧）；第三章（潘梦启）；第四章（韩茜）；第五章（彭薛琴）；第六章（葛春芳）；第七章（张家燕）；王毅豪参与了资料收集和部分文字校对工作。在本书的编写过程中，我们也参考吸收了当下相关领域的研究成果和新闻媒体的报道资料，在此表示感谢。同时，由于时间匆忙，难以做到尽善尽美，不足之处在所难免，敬请读者批评指正。

作　者

2024年6月